Mihailo Solomiichuk
Alyona Gavriluck
Myroslav Pikovsky

Reduzir o míldio da Alternaria da Batata: Abordagens biológicas

Mihailo Solomiichuk
Alyona Gavriluck
Myroslav Pikovsky

Reduzir o míldio da Alternaria da Batata: Abordagens biológicas

Segurança fitossanitária

ScienciaScripts

Imprint

Any brand names and product names mentioned in this book are subject to trademark, brand or patent protection and are trademarks or registered trademarks of their respective holders. The use of brand names, product names, common names, trade names, product descriptions etc. even without a particular marking in this work is in no way to be construed to mean that such names may be regarded as unrestricted in respect of trademark and brand protection legislation and could thus be used by anyone.

Cover image: www.ingimage.com

This book is a translation from the original published under ISBN 978-620-7-46566-8.

Publisher:
Sciencia Scripts
is a trademark of
Dodo Books Indian Ocean Ltd. and OmniScriptum S.R.L publishing group

120 High Road, East Finchley, London, N2 9ED, United Kingdom
Str. Armeneasca 28/1, office 1, Chisinau MD-2012, Republic of Moldova, Europe
Printed at: see last page
ISBN: 978-620-8-07087-8

Conteúdo

Revisores:

Dolya M.M., doutor em ciências agrícolas, professor (Universidade Nacional de Ciências da Vida e do Ambiente da Ucrânia);
Retman M.S., candidato a ciências agrícolas, trabalhador científico sénior (Instituto de Problemas Hídricos e Recuperação de Terras)

PREÂMBULO

A batata (*Solanum tuberosum* L.) é uma importante cultura agrícola. Ocupa um lugar de destaque na lista de produtos alimentares. É muito utilizada como alimento para gado e na indústria. O âmbito da sua cultura é de 1500-1600 thous.ha na Ucrânia. As doenças virais, fúngicas e bacterianas são um aspeto importante da perda de rendimento, da diminuição da qualidade e da perda das condições de comercialização da batata de semente e do material alimentar.

O míldio de Alternaria é uma das doenças fúngicas perigosas mais importantes. Destrói as partes aéreas e subterrâneas da batata. É conhecido como míldio ou mancha foliar de Alternaria (Omeluts V.P.et all.,1986). A espécie de fungo *Alternaria spp é* o agente causador desta doença. Pertencem à classe *Deuteromycetes* de nectrofi papathogen inacabado (Levkina L.M.,1984). De acordo com a classificação moderna, estes fungos pertencem à classe *Ascomycetes*, ordem *Pleosporales (Trybel S.O. et al,2001)*. Os fitopatologistas dividiram-nos em duas formas: a mancha foliar de Alternaria, cujo agente causal é *Alternaria solani* Ell.et Mart. (syn. *Macrosporium solani*), e o míldio foliar de Alternaria, cujo agente causal é o fungo *Macrosporium solani).*

A. alternata apareceu no haulm envelhecido na segunda metade do período de crescimento ou no final da fase de floração (Kyryk M.M. el et, 2016). Raychuk T.M. constatou, de acordo com os estudos recebidos, que a doença atual (Raychuk T.M., 2010) causou 4 tipos de fungos em áreas da Estepe Florestal do Norte da Ucrânia. Entre eles, 4 tipos de fungos *Alternaria* Nees: *A. solani* (Ell.et Mart.), *A. alternata* (Keissler), *A. tenuissima* (Kunze) Wiltshire, *A. infectoria* (E. G. Simmous). Considerou que a doença aparecia todos os anos em condições favoráveis, especialmente no verão seco com chuvas de curta duração. A nocividade resulta numa diminuição da produção de 30%, e este índice atinge 60% durante os anos epifóticos (Ivanuk V.G.,1983, Leiminger J., 2008).

A análise das fontes literárias mostrou que não foram efectuadas investigações para determinar a praga da alternaria da batata em termos das florestas da Ucrânia Ocidental. As áreas de cultivo desta cultura aumentaram todos os anos, a variedade de variedades zoneadas mudou, o nível de utilização de medidas de proteção diminuiu todos os anos, apesar deste problema. É necessário estudar a biologia do agente causador do míldio da Alternaria da batata, desenvolver métodos para a sua determinação, identificação, formas de avaliação da resistência das variedades e formas de proteção da batata contra a doença na região sul da Estepe Florestal Ocidental da Ucrânia, o que abriu a atualidade das nossas investigações.

CAPÍTULO 1

ESTADO ACTUAL DA PROTECÇÃO DA BATATA CONTRA A
ALTERNARIA
BLIGHT.

1.1.Estado, caraterísticas botânicas e valor económico da batata

A América do Sul é a pátria da cultura da batata. Os povos primitivos da região atual começaram a cultivar tubérculos há 14 mil anos, ou talvez antes.

Batata descoberta por marinheiros espanhóis na região do atual Peru em 1536-1537. A primeira descrição desta cultura foi realizada pelo concistador e escritor espanhol Seowoza de Lion no seu livro "Crónica do Peru". O livro foi publicado em 1553. Ele deu a notícia do aparecimento da batata. Os índios chamavam-lhe "papa". As formas de preparação e armazenamento são descritas neste livro. O livro descreve: "A papa é uma espécie peculiar de amendoim. Tornam-se macios como castanhas assadas. Cobrem a pele. É mais gorda em comparação com a pele da trufa" (Kokin A.Y,1948).

A batata (*Solanum tuberosum* L) pertence à família Nightshade *Solanaceae* (Pers), género Solanum, espécie Tubesorum. É uma planta perene com caules herbáceos e estolhos subterrâneos, mas tornou-se uma cultura anual durante o crescimento. Propaga-se vegetativamente com caraterísticas de cultivar salva.

A planta madura da batata tem uma forma de arbusto. Consiste em 4-8 hastes, Eles estão localizados paralelos uns aos outros. Os caules desenvolvem-se a partir de meristemas de tubérculos de batata. Podem ser triédricos ou tetraédricos, com nervuras, pintados de verde ou vermelho-violeta - azul-violeta. A altura dos caules depende das condições de crescimento e situa-se entre 30 e 150 cm. A correlação da sua altura é determinada pelo seu grupo de maturação. As variedades de maturação tardia formam sempre os caules mais altos em comparação com as precoces.

As folhas desempenham as funções básicas na formação e conservação da matéria orgânica das plantas. As suas caraterísticas básicas são o tamanho, a localização das partículas e a dissecação. A superfície é opaca ou brilhante, com venação fraca ou distinta. A localização das folhas é em espiral no caule.

A flor é constituída por cálice com cinco sépalas, coroa de cinco pétalas, cinco estames com anteras. A pintura das coroas pode ser branca, azul, azul-violeta, vermelho-violeta com tonalidades de intensidade diferente. Os estames podem ser amarelos, verde-amarelos, cor de laranja, cor-de-limão. A flor da batateira é guardada em inflorescências - enrolamento dobrado, localizado no pedúnculo.

O fruto é sincarpo superior, baga multissémica de dois ninhos, de forma oval ou redonda. Muitas variedades são capazes de dar frutos, mas estes nem sempre se desenvolvem. Em muitas plantas, os rebentos caem sem formar flor. As sementes são de cor amarela clara.

O sistema subterrâneo é constituído por sistema radicular, estolhos e tubérculos. O sistema radicular fibroso aparece nos tubérculos plantados. O grau de desenvolvimento depende das variedades e das condições de cultivo. O desenvolvimento mais intenso das raízes dá-se durante a floração. Os tubérculos decompõem-se durante a maturação. Os estolhos formam-se nas axilas das folhas na parte subterrânea dos caules.

A forma e a cor dos tubérculos caracterizam as particularidades da variedade. Podem ser redondos, redondos-ovais, prolongados-ovais. Apresentam coloração branca, vermelha e azul com diferentes tonalidades. As caraterísticas de cor da polpa dos tubérculos são: branco, creme, amarelo e vermelho-violeta.

A batata foi avaliada não só como um "segundo pão", mas também como um alimento altamente calórico para os animais de criação, especialmente os suínos. Constitui metade da ração para estes animais e aves. É utilizada como planta técnica e medicinal.

Alguns cientistas consideraram a cultura mencionada como "produto alimentar do futuro" devido ao seu elevado rendimento e ao conjunto único de compostos vitais valiosos para o ser humano. Os tubérculos da cultura atual são o verdadeiro "laboratório químico". São ricos em amido, proteínas, carotinas, lípidos, vitaminas C, PP, K, grupos B e provitamina A, fibras, substâncias pectínicas, aminoácidos e sais minerais. O seu teor depende da variedade e das condições de cultivo.

Os químicos-cientistas determinaram os glicoalcalóides nos últimos anos na pele, flores, folhas e caules da batata. Estas combinações estão intimamente ligadas à combinação com os glicosídeos cardíacos da dedaleira (lat. Digitalis) e do lírio-do-vale, que provocam uma diminuição resistente e longitudinal da pressão.

A atual cultura forneceu 2 a 4 vezes mais nutrientes do que o centeio e a cevada em 1 hectare. Só perde para a beterraba sacarina e o milho. Nenhuma cultura agrícola se compara à batata pela sua ampla utilização na economia.

Os tubérculos *Solanum tuberosum* (L) são constituídos por cerca de 26% de matéria seca, dos quais 80-85% são constituídos por amido e mais de 3% por matéria proteica. O teor de amido nos tubérculos é de 14-30%, a proteína alimentar é em média 2%.

A batata é utilizada para a produção em massa de produtos semi-acabados: batatas fritas, flocos, puré, batatas fritas.

O amido é a matéria nutritiva de base da batata. A sua quantidade é uma das caraterísticas básicas da batata. O álcool, o ácido lático, a acetona, o butileno, o glicol e o plástico são obtidos a partir da fécula de batata. (Koroluck M.A. et all., 1988). Utiliza-se como meio anti-inflamatório e em distúrbios gastrointestinais.

As proteínas dos tubérculos são em número insignificante, mas pelo seu valor aproximam-se das proteínas animais. Consiste em ácidos essenciais como a proteína do leite.

A presença de fibras grosseiras permite utilizar a batata não só na alimentação infantil como também na alimentação dietética durante as doenças do estômago. As fibras e as pectinas favorecem a saída do colesterol. Melhoram a microflora do intestino. A vitamina C, fonte de ácido ascórbico durante o inverno e a primavera, apesar do seu baixo teor nos tubérculos, aumenta as reservas isoladas.

O conteúdo do tubérculo em potássio é superior a 400 mg em 100 g de produto. Este mineral é necessário para a normalização das trocas de água e para estimular o funcionamento do músculo cardíaco. O ferro diminui o nível de açúcar, aumenta os índices sanguíneos. Tem ação anticancerígena.

A ação terapêutica da batata aparece sob a forma de um regulador da digestão. Aumenta a assimilação dos produtos. A dieta da batata é recomendada na medicina tradicional também como diurético: o sumo fresco é utilizado durante a escrófula, o escorbuto, a obstipação, a acidez gástrica e o tratamento da úlcera do estômago. O miolo da batata é utilizado para tratar as hemorróidas. O miolo e o sumo são colocados no conteúdo de máscaras cosméticas nutritivas. A inalação de vapor recebido durante a trituração de batata cozida ajuda durante o catarro do trato respiratório superior.

A batata desempenha um papel importante não só na alimentação humana e animal e nas culturas técnicas, como também é um bom antecessor para as culturas de milho e de frutos. A batata madura precoce pode dar origem a uma boa produção de beterraba vermelha e cenoura.

A produção de alimentos e a proteção da natureza tornaram-se a primeira questão no final do século XX e início do século XXI para os agricultores. Os cientistas tentaram usar novos desenvolvimentos para aumentar o rendimento dos vegetais, especialmente da batata, para aumentar a comercialização e a qualidade dos produtos.

A cultura da batata ocupa um dos lugares mais importantes na rede de produção de alimentos valiosos para consumo humano e animal na região da Ucrânia. Os resultados do tratamento analítico dos dados estatísticos relativos a esta cultura revelaram uma tendência negativa para o ramo da cultura da batata, desde os 90 anos do século passado. As áreas de cultivo de batata diminuíram no sector comercial, mas aumentaram nas parcelas individuais. As áreas de cultivo desta cultura aumentaram ligeiramente de 1473 para 1551 thous.ha, apenas em 5%.

1.2.Alternaria blight em zonas de cultivo de batata e nocividade da doença

As plantas de batata derrotam muitos agentes causadores de doenças (Kyryk, M.M., Pikovskyi, M.Y., Azaiki, S., 2012, Bomok S.K., Pikovskyi M.Y., 2019, Solomiychuk M.P., Pikovsky M.J., 2022). Por exemplo, os investigadores descobriram as alterações na estrutura do complexo fitopatogénico dos tubérculos durante a sua conservação em termos da estepe florestal do nordeste da Ucrânia.

Os tubérculos foram afectados pelo míldio de Alternaria (5-7%). A derrota moderada do míldio tardio consistiu em 8-18%, a sarna comum e a sarna negra consistiram em 8-14%. A origem da podridão seca da batata foi determinada sob a forma de podridão de fusarium tradicional e podridão de fusarium atípica.

A massa de batata derrotada pela podridão de phomosis consistiu em 8-57%. O seu efeito foi esporádico. Determinou-se a derrota mecânica dos tubérculos por doenças.

A frequência de podridão mole bacteriana (9-65%) determinada (Tatarinova V.I., 2019). O impacto negativo do patógeno nas mudanças bioquímicas dos tubérculos de batata com diferentes graus de doença, de modo que a matéria seca em saudável consistia em 21,0%, portanto, em forte derrota, a murcha de fusarium é de 14,5%, a fomose da batata - 13,9%, a crosta comum - 18,2%; mancha marrom - 15,6%.

O teor de amido era de 15,4%, pelo que a murcha de fusarium - 7,5%, a fomose - 6,9%, a sarna comum - 11,2%, a mancha castanha - 9,8%. O teor de vitamina C nos tubérculos sãos era de 0,17 %, e com a forte derrota da murcha de fusarium era de 0,12%, da fomose - 0,12%, da sarna comum - 0,12% e da mancha castanha - 0,12%.

Os índices bioquímicos das carotinas foram de - 0,18%, e através da forte derrota da murcha de fusarium para 0,09%, a fomose foi para 0,06%, a sarna comum foi para 0,10% (Bomok S.K. et all., 2020). Assim, a mancha seca da batata ou o míldio de Alternaria é uma das doenças mais disseminadas durante o cultivo. As primeiras notas sobre a praga de Alternaria na Europa apareceram na Europa em 80th anos do século XIX (Koroluck M.A. et all, 1988).

A praga da Alternaria tornou-se uma das principais razões para a diminuição acentuada da produção e da qualidade da batata durante o último período na zona de estepe florestal da Ucrânia.

A doença aparece no início do crescimento da cultura e desenvolve-se durante todo o verão, especialmente durante todo o verão, especialmente durante o tempo quente e seco. Kvashyuck N. Ya. et all, 1985).

Assim, a praga da Alternaria da batata espalhou-se praticamente em todos os distritos desta cultura, pelo que o rendimento da cultura diminui em 20-25% na

Bielorrússia e em 16-23% no Uzbequistão.

A perda de rendimento pode atingir 30-50% em algumas zonas climáticas, e na parte polaca da Ucrânia pode atingir 60% (Bondarchuk A,A, et all., 2007). O míldio da Alternaria na batata foi de 31,1% durante a propagação de 53,2% em média por grupos de variedades de maturação durante 2009-2011 (Plozhenets et all., 2007).

Os fungos do género *Alternaria* (Nees): *A. solani* (Ell.et Mart), *A. alternata* (Keissler) *são* agentes causadores de manchas foliares. Pertencem à classe dos fungos imperfeitos *Deuteromycetes*. Pertencem à classe *Ascomycetes*, ordem *Pleosporales (Gannibal F.B., 2011)*.

As espécies *A. Solani* e *A. Alternata* são capazes de derrotar muitos tipos de plantas da família *Solanaceae*, exceto o género *Datura*. É necessário recolher durante o programa de medidas de desenvolvimento do flagelo de Alternaria, especialmente atual para as parcelas privadas (Bukkasov S.M.,1947; Kvasnyuk N.Ya.,1985:Kononuchenko V.V., 2002).

A nocividade da Alternaria blight é causada pela fase básica de derrota da massa em crescimento, diminuição da assimilação da superfície das folhas. O teor de fósforo, potássio e azoto diminuiu especialmente nas plantas doentes. A praga de Alternaria provoca a secagem precoce dos topos. Provoca uma diminuição do rendimento. A nocividade da doença não se limita à diminuição da quantidade produzida e da sua comercialização. O míldio de Alternaria pertence à categoria das doenças. Ataca as plantas na segunda fase da ontogenia. O desenvolvimento máximo do míldio de Alternaria ocorre durante a floração da batata, na altura em que as plantas estão fisiologicamente enfraquecidas (Gannibal F.B., 2011).

O míldio de Alternaria derrota mais as variedades maduras precoces, o seu rendimento diminui em 40%. As variedades susceptíveis a esta doença foram afectadas pela praga de Alternaria. O peso dos tubérculos diminui em 14%, em média-31%, forte-45% mesmo a fraca derrota destas variedades.

A quantidade e frequência da precipitação é um índice importante para a epifitia da Alternaria blight na batata. É por isso que a doença se desenvolve com chuvas e orvalho frequentes e de curta duração (Dorozhkin N.A., 1973).

1.3.Alternaria blight da batata e suas particularidades morfológicas

A derrota da planta da batata pelo fungo *A. Solani* começou com o aparecimento de pequenas manchas cloróticas nas folhas dos estádios inferior e médio. Tornaram-se escuras e castanhas com tonalidades cinzentas (fig.1.1, fig.1.2). As manchas têm forma circular. Estão definitivamente separadas dos tecidos saudáveis da planta. A concentricidade bem definida das partes derrotadas desiferencia-se na placa superior da folha. Na parte superior das folhas, podem aparecer os pontos fracos para a esporulação. Aparece a cada 3-4 semanas após o aparecimento das primeiras caraterísticas da doença. O míldio de Alternaria aparece sob a forma de estrias nos caules e talos. Estas manchas juntam-se e criam um conjunto de manchas prolongadas com um comprimento de 3-4 cm. Os tubérculos de batata que são destruídos pelo fungo *A. Solani* não são praticamente encontrados (Asyakin B.P., 1986).

Fig.1.1. Índices de aparecimento de lesões na lâmina foliar por fungos A. solani (Ell et Mart)

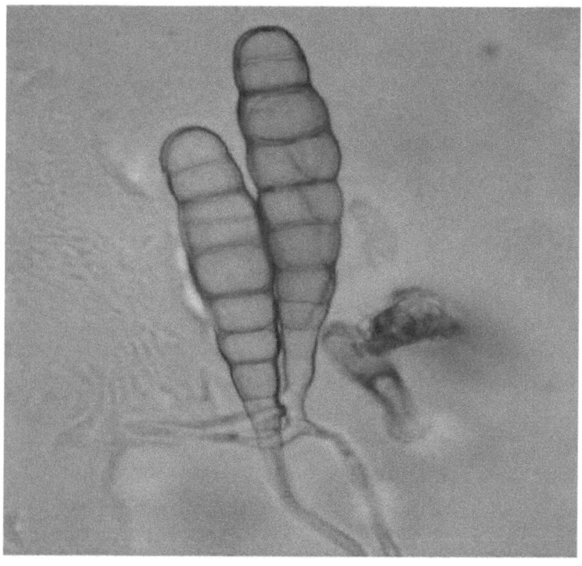

Fig.1.2 Conídios do fungo A. solani

O fungo A. alternata aparece nas folhas, talos e caules e, por vezes, nos tubérculos. As primeiras manchas cloróticas aparecem sob a forma de pequenos pontos nas bordas das folhas entre as nervuras durante a penetração do agente patogénico nos tecidos (fig.1,3). Depois tornam-se circulares sem concentricidade e de cor castanho-escura. Na presença de condições favoráveis, as manchas unem-se e cobrem toda a folha. O haulm apodrece.

Os bordos das folhas derrotadas enrolam-se para cima em forma de navio e por vezes enrolam-se em tubo. A esporulação do fungo começa 4 a 5 dias após o aparecimento dos sintomas, sob a forma de manchas bem definidas de cor azeitona nos caules e talos. Este agente casuativo pode derrotar a parte inferior do caule em anos favoráveis ao desenvolvimento da doença. Por vezes, observam-se pequenas manchas negras nos tubérculos. O fungo *A. alternata* (Keissler) pode desenvolver-se apenas nos tubérculos derrotados, aparecendo a doença sob a forma de pequenos pontos com uma cobertura aveludada bem definida, resultante da esporulação do fungo.

Fig.1.3. Termos da derrota da batata pelo fungo A. Alternata

Os tecidos danificados tornaram-se castanhos. São facilmente separados dos tecidos saudáveis sob a forma de tecido inteiro com uma espessura de 3-4 mm.
Alguns investigadores consideraram (Kuchko A.A. et all., 1988) que os isolados extraídos de corpos de batata acima do solo, em regra, não infectam os

tubérculos e vice-versa.

As diferenças morfológicas entre as duas formas da doença coincidem durante o desenvolvimento do míldio de Alternaria no haulm. As manchas juntam-se. Os tecidos derrotados tornam-se secos e quebradiços, os bordos tornam-se franjados.

Quadro 1.1

Caraterísticas comparativas das caraterísticas morfológicas do míldio da alternária da batateira (Gannibal F.B.,2011)

Nº itens	Caraterística	Nome do agente casuístico	
		Alternaría solani (Ell.et Mart.)	*Alternaría alternata* (Keissler)
1.	Conidióforos: Comprimento (mcm): Diâmetro (mcm):	40 - 120 3 - 4	50 - 80 2 - 4
2.	Forma	Direto, com manivela	Direto, por vezes com manivela
3.	Ligação	Separados ou agrupados em feixes	Separados, apicais ou em pequenos grupos
4.	Conidióforo para colorir	Azeitona, castanho	Pálido ou azeitona pálida, castanho-dourado
5.	Dimensão dos conídios (mcm)	104 - 260 × 15 - 25	42 - 89 × 16 - 20
6.	Forma	Em forma de cubo	Abaulado invertido, em forma de pera invertida, em forma de ovo, elíptico
7.	Ligação	Separado	Recolhidos em cadeia (-27 unidades).
8.	Colorir	Ligeiro - azeitona	Castanho-dourado
9.	Disparos de presença	Sim, comprimento 70-140 mcm	Ausente
10.	Presença de divisórias	8-16 transversal, 1-3 longitudinal	4-10 transversal, 1-4 longitudinal

O fungo *A. Alternata* aprofunda-se e acaba com as folhas, derrotando o *A. solani*. É por isso que a maioria dos investigadores anteriores desta doença consideraram que é necessário juntar dois agentes causais numa só doença - o míldio da Alternaria da batateira. O quadro 1.1 propõe a comparação das caraterísticas morfológicas do agente causal do míldio da Alternaria.

As doenças da batata desenvolvem-se geralmente em fontes separadas. Estas podem propagar-se gradualmente por todo o campo. A doença desenvolveu-se mais intensamente no centro da fonte, A doença propagou-se mais intensamente no centro dessa fonte. A doença causou a deterioração de todo o haulm. Os focos de diâmetro 10-15m determinam bem o fundo verde dos haulms (Kuchko

A.A., 1988).

O míldio da Alternaria é diferente do míldio tardio, que afecta as folhas da batata durante o período de crescimento. As manchas da praga de Alternaria deixam as folhas secas em qualquer altura, sem qualquer placa, concentricidade, geralmente claramente limitadas, círculo, dispersas em toda a superfície das folhas. Tornam-se amarelas durante o forte grau de destruição da praga de Alternaria. (Maslov Yu.I., 1988).

1.4.Estudo de controlo da praga de Alternaria da batateira

O míldio de Alternaria pertence às doenças agressivas da batata. Por isso, é necessário efetuar o controlo da doença de acordo com o prognóstico da sua propagação (Egurazdova A.S., 1991, Kuleshov A.V. et all, 2001, Kuleshov A.V. et all, 2008, Kosov V.V., 1958).

A investigação sobre a resistência da batata à *Alternaria* solani Sor. está a ser levada a cabo em vários países do mundo.

Seis clones de batata, selecionados in vitro pela sua resistência aos filtrados de cultura de *A. solani* Sor., foram avaliados quanto à sua resposta no campo à infeção pelo míldio. Os testes de campo foram efectuados sob inoculação artificial e em condições naturais. A resposta ao míldio foi avaliada com base no tamanho da lesão, na gravidade da doença e na área sob a curva de progresso da doença (AUDPC). Um clone apresentou uma área de lesão reduzida (0,35 cm^2) e valores de AUDPC em comparação com a cv. 'Desirée' (controlo suscetível) (0,58 cm^2), mas esses valores foram superiores aos do controlo resistente Solanum chacoense 'PI 275136' (0,14 cm^2). Por outro lado, não foram detectadas diferenças no número de lesões entre a testemunha suscetível e os clones selecionados. Esta variável apresentou valores entre 21,82 e 23,87 lesões em duas folhas por planta. Embora a resistência ao míldio em batata esteja geralmente associada à maturidade tardia, o mutante IBP-27 apresentou maior resistência ao míldio com maturidade média-tardia. Os seis clones apresentaram maturidade média-precoce a média-tardia, semelhante ao parental cv. 'Desirée' (ciclo vegetativo variando de 90 a 110 dias). Um clone apresentou níveis mais elevados de resistência ao míldio do que a cv. 'Desirée', mas inferiores aos níveis do controlo resistente S. chacoense. A resistência neste clone foi caracterizada pela redução da área da lesão, da severidade da doença e dos valores de AUDPC, tanto na inoculação artificial como no rastreio da infeção natural (Veitía, Novisel et. al, 2014).

O cruzamento entre *S. berthaultii* resistente e um *S. tuberosum* diploide suscetível deu origem a uma população em que a resistência foi herdada quantitativamente. *S. commersonii* subsp. malmeanum também foi cruzado com S. tuberosum diploide, apesar de um número de equilíbrio de endosperma diferente. Este cruzamento resultou numa descendência triploide na qual a resistência foi herdada de forma dominante. Isto é um pouco surpreendente, uma vez que a resistência contra os agentes patogénicos necrotróficos das plantas é normalmente uma caraterística quantitativa ou herdada recessivamente de acordo com o modelo inverso de gene para gene. Os híbridos com elevados níveis de resistência ao míldio estão presentes entre a descendência de S. berthaultii, bem como de S. commersonii subsp. malmeanum, o que constitui um passo importante para o desenvolvimento de uma cultivar com resistência natural ao míldio (Wolters P.J. et al, 2021).

Os indutores de resistência são também utilizados para limitar a alternariose. Foi realizado um estudo sobre a capacidade do acibenzolar-S-metil (ASM), quitosano, Heads-up e ácido acetilsalicílico (ASA) como indutores de resistência a várias doenças para ajudar a proteger as culturas de batata da Alternaria. Foi avaliado o efeito destes indutores em duas cultivares de batata, Goldrush e FL1879, contra Alternaria alternata, agente causal da mancha castanha da folha, em dois locais de campo diferentes. Para determinar os efeitos da aplicação dos indutores na resistência à doença, a folhagem das cultivares de batata foi pulverizada com concentrações adequadas de ASA, quitosano e ASM. O Heads-up foi também aplicado como tratamento pré-plantação nos tubérculos de batata. Os resultados obtidos em ambas as experiências de campo indicaram que o rendimento mais elevado foi alcançado nas parcelas tratadas com ASM, seguido do tratamento com Heads-up e quitosano. No entanto, não se observou qualquer diferença significativa em termos de produção de tubérculos entre a folhagem da batata tratada com ASA e as plantas de controlo não tratadas. Os resultados das experiências com folhas destacadas mostraram que houve uma diferença significativa em relação à redução do índice de doença entre as parcelas que foram tratadas com indutores de defesa e as parcelas inoculadas e não tratadas. Ficou claro que, em ambas as cultivares de batata, a aplicação de quitosana e ASM incentivou o aumento da resistência à doença em comparação com os tratamentos ASA e Headsup. Na experiência de laboratório, o progresso da doença foi registado em folhas de três alturas diferentes da copa da cultura. Os resultados indicaram que a gravidade da doença era baixa no ápice, moderada no meio e alta nas partes inferiores da cultura, em ambas as cultivares de batata. Estes resultados sugerem que o quitosano e o ASM podem oferecer métodos alternativos para controlar a mancha castanha da folha da batata (Soleimani M.J., Kirk W., 2012).

Estão a ser estudadas formas ambientalmente seguras de controlar a Alternaria da batata. Efeito de alguns óleos essenciais para limitar o desenvolvimento do míldio (*Alternaría solani*) em campos de batata O efeito fungicida de alguns óleos essenciais contra *A. solani*, uma das espécies que causam o míldio da batata, foi avaliado em condições in vitro e de campo. Foi testado o efeito dos óleos de cravo, cominho e tomilho e do fungicida químico Ridomil MZ 72 em várias concentrações no crescimento micelial de *A. solani*. O óleo de cravo teve o efeito inibitório mais forte e mais extenso sobre o crescimento fúngico. Ligeiramente menos eficazes foram os óleos de cominho e tomilho, seguidos pelo fungicida químico. Ensaios de campo prolongados durante duas épocas de cultivo provaram que a aplicação de óleos essenciais duas vezes como pulverização foliar teve um efeito superior ao tratamento com fungicida na redução da incidência do míldio, em comparação com o controlo não tratado. Foi observada uma relação oposta entre a incidência da doença e as concentrações de óleos essenciais aplicados. O aumento do rendimento da batata também seguiu a mesma tendência. A maior redução da incidência da doença e o aumento do rendimento foram registados nos tratamentos com 1% de óleos de cravo, cominho e tomilho, por ordem decrescente. O Ridomil MZ 72 aplicado na dose recomendada pelos fabricantes teve um efeito reduzido a este respeito. Os tratamentos com óleos essenciais podem ser utilizados como métodos de controlo de fácil aplicação, seguros e rentáveis contra estas doenças das plantas (Nehal S. El-Mougy, 2009).

Nehal S. El-Mougy, Mokhtar M. Abdel-Kader (2009) o efeito supressor dos sais de sódio e de cálcio aplicados individualmente ou combinados com a levedura *Saccharomyces cerevisiae* contra *Alternaria solani*, o agente causal da doença do míldio da batateira, foi avaliado em condições laboratoriais, de estufa e de campo. No teste in vitro, observou-se uma inibição completa do crescimento fúngico a uma concentração de 30 mg/ml tanto de bicarbonato de sódio como de cloreto de cálcio. A levedura de apoio comercial *S. cerevisiae* (CBY) reforçou o efeito inibidor dos sais testados, o que se reflectiu no aumento da redução do crescimento micelial dos fungos quando combinados na proporção de 1:1 em cada concentração testada. Na experiência em vaso, sob infestação artificial com fungos patogénicos, a aplicação de bicarbonato de sódio ou cloreto de cálcio reduziu significativamente a incidência e a gravidade do míldio, aumentando as suas concentrações. A concentração mais eficaz foi de 30 mg/ml, que reduziu a incidência da doença em 50 e 62,4%, respetivamente. Foi observado um efeito superior do bicarbonato de sódio ou do cloreto de cálcio na redução da doença quando combinados com CBY. Os ensaios de campo para avaliar os tratamentos mais promissores em estufa foram efectuados sob infestações naturais durante duas épocas de verão sucessivas. O cloreto de cálcio demonstrou maior eficácia na redução da incidência e severidade da doença do que o bicarbonato de sódio quando aplicado sozinho ou combinado com CBY. Além disso, observa-se que concentrações crescentes de bicarbonato de sódio ou de cloreto de cálcio mostram uma diminuição paralela da incidência e da gravidade da doença. A aplicação de (CBY) aumentou a eficácia da pulverização de sais contra a doença do míldio. Também se observou uma tendência semelhante com o aumento do rendimento dos tubérculos de batata. À luz do presente estudo, pode sugerir-se que a utilização de uma aplicação combinada da levedura *S. cerevisiae* com bicarbonato de sódio ou cloreto de cálcio pode ser utilizada como um método de controlo de fácil aplicação, seguro e rentável contra estas doenças das plantas (Nehal S. El-Mougy, Mokhtar M. Abdel-Kader, 2009).

Tal como salientado por Pralay S. Gorai et al. (2021), para ultrapassar os inconvenientes dos fungicidas químicos utilizados no controlo da doença, é essencial procurar agentes de biocontrolo adequados. No presente esforço, o agente patogénico fúngico foi isolado e identificado a partir das folhas infectadas de batata cultivada na cintura laterítica de Santiniketan, Bengala Ocidental, Índia. Com base nas caraterísticas morfológicas e na sequenciação da região ITS, o agente patogénico isolado EBP3 foi identificado como *Alternaria alternata* em vez de *Alternaria solani*. O agente patogénico foi ainda confirmado pelo teste de patogenecidade após uma experiência em vaso. Uma estirpe bacteriana endofítica *Bacillus velezensis* SEB1 isolada de *Vigna mungo* (L.) Hepper foi verificada quanto à sua eficácia de biocontrolo contra o agente patogénico isolado. O SEB1 foi considerado eficaz na inibição do crescimento patogénico em placas de cultura dupla sobrepostas. Além das enzimas de degradação da parede celular fúngica ß-glucanase e protease, o SEB1 pode secretar metabólitos antifúngicos termoestáveis para o caldo extracelular que são insensíveis à proteinase K. A fração EA bruta do CFS do SEB1 inibiu a germinação conidial e o alongamento do tubo germinativo do EBP3. 82,34 ± 4,56% de inibição no crescimento radial fúngico também foi observada na presença da fração EA a 1000 µg/ml. As experiências de desafio in vivo sugeriram uma diminuição da gravidade da doença de 52,47±3,8% para 9,59±2,1% devido à aplicação do agente de biocontrolo SEB1. Com base na observação geral, o isolado bacteriano endofítico SEB1 pode ser considerado um agente de biocontrolo adequado para controlar a praga precoce da batata causada por *A. alternata* (Pralay S. Gorai et al., 2021).

O míldio, causado por *Alternaria solani* e *Alternaria grandis*, afecta gravemente as culturas de batata em todo o mundo, e existem poucas opções de gestão para além da utilização intensiva de fungicidas. Silva, Hiago et al. (2021) testaram se os tratamentos de biocontrolo com diferentes espécies do fungo micoparasita Clonostachys poderiam reduzir a severidade do míldio na folhagem de batatas cultivadas em vaso da cultivar Ágata, e afetar a sobrevivência e esporulação do patógeno causal *A. grandis*. Vinte isolados de cinco espécies de Clonostachys foram testados num ensaio preliminar de biocontrolo, e nove deles foram selecionados e testados em dois ensaios de confirmação. Os tratamentos com três isolados de três espécies (*C. chloroleuca, C. pseudochroleuca, C. rhizophaga*) resultaram numa redução significativa da gravidade da doença em ambos os ensaios de confirmação, com uma eficácia de controlo que variou entre 88,7% e 92,9% no primeiro ensaio e entre 83,1% e 84,7% no segundo ensaio. Todos os isolados *de Clonostachys* utilizados nos ensaios de confirmação sobreviveram nos tecidos foliares da batateira durante pelo menos 15 dias e retomaram o crescimento quando sujeitos a humidade elevada, resultando num crescimento excessivo de micoparasitas e numa redução significativa da esporulação do agente patogénico.

Os resultados fornecem evidências de que diferentes espécies de *Clonostachys*, não apenas a ubíqua *C. rosea*, são fontes de candidatos úteis para o biocontrolo do míldio da batata e possivelmente de outras doenças de plantas causadas por patógenos fúngicos (Silva, Hiago et al., 2021).

Está a ser realizada investigação sobre a resistência de isolados de Alternaria a vários fungicidas. A sensibilidade à iprodiona de *Alternaria solani* (Ell e Mart) J. e Gr. em dois isolados selvagens obtidos de folhas de batateira e tomateiro com os sintomas da doença, e dois de *Alternaria porri* (Ell) Nierg de cebola e alho, pelo teste de crescimento radial de colónia com meio de cultura de sumo de tomate, com a adição do fungicida em concentrações de 0,1 a 100 mg a.i./L. A DL50 e DL95 para A. solani da batata foram 0,61 e 3,64 mg a.i./L, e do tomateiro foram 0,61 e 3,68 mg a.i./L, respetivamente. Os valores para A. porri no alho foram 0,61 e 3,68 mg a.i./L, e para a cebola foram 0,48 e 3,12 mg a.i./L. O comportamento das doenças foi avaliado em condições de campo, com três estratégias químicas de controlo que incluíram iprodione isolado, iprodione alternado com mancozeb, ditiocarbamatos e uma testemunha sem tratamento, num delineamento inteiramente casualizado. A sensibilidade à iprodiona foi testada em 258 isolados recolhidos de lesões surgidas após cada tratamento. Observou-se um maior nível de controlo na variante de iprodiona e quando esta foi combinada com mancozeb, que mostrou diferenças significativas em relação aos tratamentos com ditiocarbamatos e com a testemunha, com médias de 20 e 25% de índice de ataque em relação a 55 e 70%, respetivamente, no final do ciclo de cultivo. Todos os isolados foram sensíveis à iprodiona, pelo que se recomenda a combinação iprodiona/mancozebe para evitar o desenvolvimento de resistência (Muino Garcia B.L. et al., 2010).

Holm A.L. et al. (2003) A sensibilidade dos fungicidas foliares a *A. solani* foi determinada com um método de ensaio de germinação de esporos in vitro. A concentração de fungicida que inibiu a germinação conidial em 50% (EC50) foi estimada para cada isolado. A sensibilidade dos isolados de A. solani ao TPTH e ao mancozebe variou pouco durante a estação de crescimento, possivelmente porque foram efectuadas poucas aplicações de TPTH e mancozebe nos campos estudados. No entanto, em vários locais, a exposição repetida de populações de *A. solani* ao clorotalonil resultou numa variabilidade considerável da sensibilidade, fazendo com que os isolados apresentassem frequentemente uma sensibilidade reduzida a este fungicida no final da estação de crescimento. Em cinco de sete campos, os isolados de A. solani recolhidos no final da estação foram significativamente menos sensíveis ao clorotalonil do que os isolados recolhidos no início da estação (Holm A.L., Rivera V.V., Secor G.A. et al.. 2003). (Holm A.L., Rivera V.V., Secor G.A. et al.. 2003).

Os cientistas estão a estudar vários esquemas de tratamento com fungicidas. Nas condições polacas, foi realizada uma experiência exacta em microplot para determinar o efeito dos fungicidas (tratamentos: Sandofan Manco 64 WP, Penncozeb 80 WP, Tanos 50 WG; Tanos 50 WG aplicado três vezes; Tanos 50 WG, Penncozeb 80 WP, Tanos 50 WG) na severidade da requeima e da requeima precoce em três cultivares de batata e na composição das comunidades fúngicas que colonizam as folhas de batata. Os fungicidas testados reduziram significativamente a intensidade do míldio e do míldio precoce. A eficácia do controlo fungicida foi afetada pelas condições meteorológicas e pelas cultivares de batata. A maior eficácia (30-36%) contra o míldio tardio e o míldio precoce foi registada em plantas de batata cv. Aster pulverizadas com Sandofan Manco 75 WG, Penncozeb 80 WP, Tanos 50 WG e Tanos 50 WG aplicados três vezes no primeiro ano do estudo. Sandofan Manco 75 WG, Penncozeb 80 WP, Tanos 50 WG, e Tanos 50 WG e Penncozeb WP 80 usados alternadamente durante as duas últimas épocas de cultivo foram mais eficazes no controlo do míldio da batata cv. Tara e Salto. Nestas cultivares, a praga precoce foi melhor controlada com Tanos 50 WG aplicado três vezes, e Tanos 50 WG e Penncozeb 80 WP usados alternadamente. As contagens mais baixas de Alternaria spp. - o agente causal do míldio - foram isoladas de folhas de batata nos tratamentos acima referidos (Cwalina-Ambroziak, Bozena & Trojak, A., 2011).

A eficiência dos produtos fitofarmacêuticos no controlo do míldio *(Alternaria solani)* foi avaliada em duas séries de experiências de campo. Foram examinados quatro fungicidas de contacto: propineb (Antracol 70 WP), clorotalonil (Bravo 500 SC), mancozeb (Dithane M-45 80 WP) e zoxamida + mancozeb (Unikat 75 WG), e dois com mobilidade penetrante local propamo-carb-hidrocloreto + clorotalonil (Tatoo C 750 SC) e metalaxil-M + mancozeb (Ridomil Gold MZ 68 WP). Na série I, o propinebe (Antracol 70 WP) mostrou a maior eficácia no controlo do míldio, enquanto na série II foi o mancozebe (Dithane M-45 80 WP) (Osowski J., 2003).

Foi realizada uma série de experiências para avaliar estratégias de utilização de fungicidas para o controlo do míldio (*Alternaria solani*), a doença foliar mais significativa da batata na Austrália. A atividade protetora e curativa dos fungicidas foi avaliada em estudos de estufa e de campo. O boscalide, a azoxistrobina e o difenoconazol foram altamente eficazes no controlo do míldio quando aplicados até três dias antes ou três dias depois da inoculação. O boscalide inibiu completamente o desenvolvimento da doença quando aplicado um dia antes da inoculação. Aplicado cinco dias após a inoculação, o boscalide não controlou o míldio, enquanto o difenoconazol foi o fungicida mais eficaz. Programas de pulverização de 4-6 aplicações de fungicidas de vários grupos de modos de ação diferentes foram avaliados em 4 ensaios de campo em propriedades comerciais no Sul da Austrália, Austrália Ocidental e Queensland. Todos os programas de pulverização inibiram o desenvolvimento da doença e melhoraram a produção de tubérculos comercializáveis em comparação com as parcelas não pulverizadas. Os programas de pulverização mais eficazes incluíram aqueles com boscalid + metiram nas duas primeiras aplicações, e resultaram em aumentos significativos de mais de 20% no controlo do míldio e na produção de tubérculos. Estes resultados mostram que os produtos com forte atividade protetora, como o boscalid, foram mais eficazes quando aplicados mais cedo no programa de pulverização. Os produtos com forte atividade curativa, como o difenoconazol, foram mais eficazes do que os fungicidas protectores quando as infecções de míldio estavam bem estabelecidas na cultura. Esta informação pode ser utilizada para ajudar os produtores de batata a melhorar o controlo do míldio precoce e aumentar a produção de tubérculos comercializáveis (Horsfield, A., Wicks, T., Davies, K. et al., 2010).

O complexo de medidas químicas utilizado com muita frequência para proteger a batata do míldio de Alternaria. Estas medidas têm um impacto negativo no estado dos solos e na produtividade dos terrenos. É necessário desenvolver e melhorar o sistema de proteção integrada para aumentar o nível de rendimento e aumentar a comercialização dos tubérculos, aumentar o estado fitossanitário da agrocenose, apesar da situação atual. A medida agrotécnica é uma das formas necessárias para as medidas de proteção integrada. Tem um impacto positivo (Serova Z.Ya.,1982., Symakova et all., 2006).

A técnica atual permitiu proporcionar o desenvolvimento das plantas e aumentar a sua resistência aos agentes causadores de doenças, pelo que os elementos agrotécnicos: escolha e melhoramento de variedades resistentes, rotação de culturas, fertilizantes, preparação do material de sementes para o cultivo, condições de cultivo, isolamento do espaço, destruição de condições desfavoráveis ao desenvolvimento e propagação de doenças. Estes métodos aumentam o rendimento da cultura atual (Anisimov B.V., 2006, Kyray Z., 1974).

• A batata não se pode eliminar com a monocultura. Por isso, é necessário efetuar o isolamento espacial de outros representantes da família *Solanaceae*. A quebra da medida especificada pode criar as condições favoráveis para os agentes causadores de diferentes doenças, especialmente o míldio de Alternaria, e é a razão para a diminuição da quantidade e da qualidade do rendimento.

• É necessário procurar atentamente a escolha do local de cultivo da batata. O solo deve ser leve e ter uma boa drenagem, porque a queda excessiva de humidade favorece a germinação ativa dos conídios e a sua propagação (Skurychin I.M. et all., 1987, Trybel S.O. et all.,2001, Fedorynchik N.S., 1971, Novoxhylov K.V., 1979).

• O período razoável para que as plantas de batata regressem ao lugar anterior na rotação de culturas (através de 4-6 anos) diminuiu a poupança de material infecioso. Esta medida aumentou a imunidade das plantas. É importante introduzir o antecessor e o antepassado. Eles favorecem a limpeza biológica da superfície do solo (Pozhar Z.O., 1985).

• O melhoramento de variedades resistentes de batata para produção é uma parte das medidas integradas de proteção das plantas. É permitido eliminar as medidas de proteção, e o principal - dá uma produção ecologicamente correta e proteção do ambiente)Kranits Yu., 1979). A presente medida foi conduzida de acordo com as recomendações do registo estatal de variedades vegetais adequadas para disseminação na Ucrânia.

• As variedades precoces de batata são susceptíveis e têm menor resistência às doenças em comparação com outros grupos de maturação

• Colocar fertilizantes de potássio antes do cultivo da batata.

É necessário que os tubérculos sejam colhidos completamente maduros para diminuir a perda de rendimento e evitar danos durante a colheita. O material da batata é conservado em

É necessário notar que o desenvolvimento da doença diminui seriamente durante a plantação intermédia e tardia da variedade suscetível de batata. As condições climatéricas também têm impacto no desenvolvimento, para além das condições de plantação.

De acordo com os dados literários, a penetração dos parasitas provocou uma grave reconstrução do sistema enzimático que catalisa a respiração do hospedeiro vegetal.

A peroxidase é um componente ativo da gama de sistemas de oxigénio. De acordo com os dados de Andreeva (1988), a peroxidase conduz a oxidação de polifenóis, aminas aromáticas e uma série de diferentes substâncias facilmente oxidantes. A sua presença nos cloroplastos mostra a sua participação ativa na reação de oxidação da fotossíntese.

Muitos investigadores escreveram sobre a atividade da peroxidase em tecidos vencidos de plantas doentes. V.P. Nilova. Z.N. Ksendzova (1971) descobriram que o aumento da atividade da enzima não está relacionado com a presença do parasita no corpo da planta hospedeira. A atividade da peroxidase não apareceu nem no micélio carregado de esporos, nem no meio nutritivo em que os fungos crescem. De acordo com o pensamento de B. A. Rubina. T.M. Ivanova e M.A. Davydova (1951), a base para a ativação da peroxidase está sob as formas imunitárias das plantas, que são derrotadas pelo aparecimento da proteína específica peroxidase.

CAPÍTULO 2

MÉTODOS DE CONDUÇÃO DA INVESTIGAÇÃO

2. 1. Condições agroclimáticas da região sul da zona florestal ocidental da Ucrânia

O desenvolvimento intensivo da ciência e da técnica actuais provoca um efeito antropogénico no ambiente. As alterações climáticas são uma das tendências negativas registadas nas últimas décadas.

Os fenómenos climáticos das últimas décadas testemunham o desvio da norma ao nível da biosfera global. O fator antropológico é a causa da destruição do equilíbrio energético da biosfera e do seu conteúdo - o ecossistema natural. É a razão do aparecimento das inundações, do aumento das temperaturas médias anuais e do aumento da amplitude das oscilações dos índices climáticos.

Os nossos cientistas aprovaram que o aquecimento leva à mudança da duração da estação, à desestabilização do estado fitossanitário da agrocenose, ao aumento do número e da propagação de pragas, ao aumento do desenvolvimento de doenças nas culturas agrícolas, especialmente no que diz respeito à estepe florestal ocidental da Ucrânia.

A dinâmica dos índices agrometeorológicos permitiu concluir que as alterações climáticas na Ucrânia durante os últimos anos se devem à equalização do modo de temperatura na área do país, ao aumento da temperatura média anual e ao aumento da soma das temperaturas efectivas.

A Ucrânia situa-se na parte central do continente europeu em termos físico-geográficos complexos. Isto causa a peculiaridade do impacto básico dos factores de criação do clima - receção da radiação solar, circulação atmosférica e também atividade antropogénica. As particularidades do seu aparecimento dependem da latitude, da altura acima do nível do mar, da orografia, etc. São indicadores de termos climáticos locais.

A grande longitudinalidade das zonas conduz a grandes diferenças espaciais das condições climáticas: desde a humidade excessiva a oeste e a nordeste até à seca a leste e a sudeste. As peculiaridades da circulação atmosférica regional aparecem no aumento continental de oeste para leste. As alturas perturbam o curso latitudinal. (Kononuchenko V.V., Molodetsky M.Ya., 2022).

O complexo de condições físicas e geográficas e os processos sinópticos provocam frequentemente a repetição de diferentes fenómenos atmosféricos e até de fenómenos meteorológicos. Por vezes, têm um carácter catastrófico e causam grandes prejuízos económicos à economia do país.

A precipitação caracteriza-se por uma grande variabilidade no tempo e no espaço. A sua maioria caiu durante a remoção das frentes atmosféricas. Um grande número de precipitações caiu durante o período quente do ano, de abril a outubro, inclusive. Têm um carácter variável. (Kononuchenko V.V., Storozhuk V.A., 2002).

As precipitações de inverno são menos intensas do que as precipitações do período quente do ano. O manto de neve aparece como habitualmente nos terceiros dez dias de novembro. A cobertura de neve resistente aparece apenas no terceiro dia de dezembro ou no primeiro dia de janeiro. A cobertura de neve não aparece de todo no terceiro inverno devido aos degelos frequentes. A quantidade de precipitação aumenta na primavera, mas a sua variabilidade é grande. A distribuição da precipitação de inverno ocorre em abril. As chuvas de cerco transformam-se em aguaceiros. A atividade das trovoadas começa a desenvolver-se.

O aumento da quantidade de precipitação é observado no verão. Estas diminuem três vezes mais em comparação com o inverno. A precipitação pode ser em quantidade de dois meses e mais em julho. A quantidade de precipitação diminuiu em comparação com o verão, mas tornou-se mais longa. O maior número de dias com precipitação e a maior quantidade de precipitação de outono ocorre em setembro, a menor em outubro.

Os recursos agroclimáticos e o seu fornecimento de áreas edafo-climáticas ucranianas às necessidades das plantas permitiram resolver alguns problemas de localização das culturas de campo, especialização da produção agrícola, agrotécnicas e sua eficiência. (Kononuchenko V.V., 2002).

As zonas agroclimáticas são uma forma cientificamente fundamentada de dividir a área em unidades taxonómicas (faixas, zonas, regiões e etc.) como conjunto de caraterísticas da produção agrícola de recursos climáticos. As regiões agroclimáticas mostram o grau de suscetibilidade climática de determinada localidade na agricultura por conteúdo e objetivo, os seus ramos separados de produção agrícola, algumas culturas e outros objectos. O detalhe recente e a região agroclimática especial em relação ao objeto especial consideraram as peculiaridades de crescimento e desenvolvimento, as necessidades das culturas agrícolas em função dos termos e tecnologias agroclimáticas, os eventos não susceptíveis de não serem lucrativos e etc. Pode consistir em peculiaridades fenológicas, duração do crescimento, seu suprimento de calor, o impacto dos eventos não susceptíveis na sua produtividade e rendimento. As fronteiras das zonas tornaram-se secas, secas e devido à falta de humidade foram removidas nos distritos do leste e do norte. (Kononuchenko V.V., Molotsky M.Ya.,2002).

As condições agroclimáticas da zona ocidental da estepe florestal da Ucrânia abrangem a parte norte da região de Lviv, Ternopil, a parte norte-oriental da região de Ivano-Frankivsk, Chernivtsi, a região de Khmelnitsky, a parte sul de Zhytomyr, Vinnytsia, a parte norte da região de Odessa. Determinaram as condições climatéricas de conforto para a condução da agricultura. A precipitação foi observada 145 dias por ano em Foreststeppe (Kononuchenko V.V., Storozhuk V.A., 2002).

O clima desta zona é ameno e seco. O campo de dados espaciais do início do período frio é completo e diferente, devido ao grande gradiente de temperatura subjacente à superfície entre as regiões do sul e do norte e aos longos processos de circulação na atmosfera outonal. O período de frio começa em novembro-janeiro na zona das estepes florestais, e na maior parte das regiões começa a 30th de novembro. Começa mais cedo (até 20th de novembro) nos distritos do Nordeste. O período de frio termina no início da segunda quinzena de março. A temperatura média em janeiro é de -4... A forte cobertura invernal forma-se durante o inverno. A altura máxima pode atingir 50-60 cm. O mínimo absoluto pode atingir 30^0 C de geada. Pode causar danos graves às árvores de fruto. Eles causam danos ao trigo de inverno, algumas culturas de ração no caso de inverno sem neve.A soma da temperatura negativa na temporada de inverno mudou de - 570 °C no leste para -400 °C. A quantidade de precipitação durante o período de inverno consistiu em meio 180-200 mm (Kononuchenko V.V., 2002).Os recursos agroclimáticos desempenham um papel importante em diferentes ramos da produção agrícola no período de inverno. A maioria das plantas encontra-se em anabiose invernal durante este período. A invernada de muitos insectos, árvores de fruto e manchas de bagas, culturas de inverno está ligada a ela. O início, o fim e a duração do período de inverno têm um valor importante: 267 dias em Foreststepe ocidental, 260 dias em Lisostep central, 253 em Lisostep oriental. O período de crescimento é determinado como o período entre os dados de transição do ar através de 5^0 C na primavera e no outono. O período de crescimento começa na zona ocidental da floresta - 3 de abril, termina a 30 de outubro, com duração de -210 dias, na zona central da floresta -2nd de abril, termina a 20th de outubro com duração de 206 dias. A soma das temperaturas efectivas é de 1800°C. A quantidade de precipitação varia de 508 mm na Precarpática a 280 mm nas regiões orientais (Kononuchenko V.V, 2002).

A primavera (período com temperatura média diária de 0 a +15°C) é curta. A sua duração é de cerca de 70 dias. A transição da temperatura média diária ocorre quase nos terceiros dez dias de março. As temperaturas médias aumentam de 0°C em

março a +15°C em maio. A precipitação tornou-se intensa. Anteriormente, caíam sob a forma de chuva, mas a neve pode aparecer em abril. O regresso do vento frio do Ártico é normal para este território. Provoca as geadas. A última observada no ar durante os terceiros dez dias de abril. As geadas na superfície do solo terminam uma semana depois.

O verão começa em maio. A transição das temperaturas médias diárias para 15°C ocorre, em muitos casos, em meados de maio. Em julho, as temperaturas médias situam-se entre os 18 e os 20°C. O número de dias nublados diminui em 45-35%.

A temperatura da superfície do solo (TSS) diminui consoante as estações do ano. O solo aquece mais intensamente de março a abril e arrefece mais rapidamente de outubro a novembro (Kononuchenko V.V., 2002).

Os recursos agroclimáticos fazem parte dos termos climáticos. Têm um impacto sério nos objectos de produção agrícola. As partículas biologicamente eficazes, biologicamente activas e decrescentes registadas na temperatura do ar. Índices de ação cumulativa da energia térmica utilizada através da irreversibilidade das reacções biológicas no crescimento e desenvolvimento das plantas. A sua eficácia é avaliada em função das somas de temperatura responsáveis durante os períodos de interfase, ciclo de crescimento, período de crescimento e ano agrícola.

A grande maioria dos recursos agroclimáticos e agro-hidrológicos é um fator importante para descrever e esclarecer as peculiaridades da produção agrícola.

A não definição dos resultados da atividade no início é a razão do último.

A sua causa é a dependência dos objectos multifactoriais e multiníveis do tempo e do clima. Os processos sazonais e o trabalho com o ciclo anual são outra peculiaridade da agricultura. Entre eles estão: a radiação solar recebida, a dinâmica da temperatura do ar e a quantidade de precipitação. As agro-tecnologias, o sistema de cultivo, as culturas de campo formam-se de acordo com as mudanças cíclicas destes factores (Van der Planck J.E., 1966; Bordukova M.V.,1987). As alterações climáticas das áreas de base do estudo levaram à sua localização na parte mais meridional da faixa moderada no sector médio longitudinal e provincial europeu. Os solos caracterizados são argilosos pesados, cinzentos, podzólicos e sodados, para os estudos em pequenos vasos.

Os seguintes índices médios ponderados de elementos nutritivos: húmus - 2,0% (Turim), azoto hidrolisado-80mg/kg, fósforo móvel- 56mg/kg (Kirsanov), troca de potássio-87 mg/kg (Maslova), microelemento de boro -0,78 mg/kg, microelemento de manganês- 19,12 mg/kg, microelemento de cobre- 0,82 mg/kg, microelementos de ferro-0,57 mg/kg, microelementos de chumbo-0,57mg/kg, microelemento de cádmio- 0,3mg/kg.

O índice médio de acidez foi de 5,7 unidades de pH. O ponto médio ponderado de agroquímicos no solo consistiu em 33 pontos na agricultura. A precipitação média anual é de 550 - 700 mm, e a soma das temperaturas anuais (acima de $+10^0$ C) é de +2500 - $+2600^0$ C. O inverno é normalmente ameno com degelo prolongado. A temperatura média em janeiro é de - 4 - 5°C.

A cobertura invernal forma-se durante todo o inverno. A sua altura máxima atinge 40-50 cm. O mínimo absoluto de geada atinge -30^0 C. Podem causar danos às árvores de fruto e às culturas de inverno em caso de inverno sem neve. A primavera é um período com temperatura diária de 0^0 C a $+15^0$ C. É um período de curta duração aqui. A longitude é de 70 dias.

As temperaturas médias aumentam de 0^0 C em março para +15 °C em maio. A precipitação tornou-se intensa. O frio ártico regressa e a geada é um fenómeno normal na primavera nestas regiões. As últimas geadas foram observadas na terceira quinzena de abril. As geadas terminaram uma semana mais tarde à superfície. A estação do verão começa em maio. A transição da temperatura média diária ocorre normalmente em meados de maio até 15^0 C. A temperatura média em julho é de 17-28 ° C. O período frio começa em novembro e continua até janeiro nesta região. O início do período frio começa nos dias 20-30th de novembro na maior parte das áreas da presente região e termina no início dos segundos dez dias de março. A soma das temperaturas negativas foi de 400^0 C no período de inverno. A quantidade de precipitação no período de inverno foi de 180-200 mm em média. Período quente. As árvores transitaram da anabiose para o crescimento ativo ou vice-versa no início ou no fim do período quente. A continuidade do período quente é de 267 dias e a temperatura média positiva do ar é de 3000 - 4000 °C durante o período quente.

O período de crescimento caracteriza-se pelo ponto 5 °C na primavera e no outono. Coincide com o período de crescimento do período ativo através de termos e continuidade. O período de crescimento inicia-se em abril e prolonga-se até 30th outubro na região sul da Estepe Florestal Ocidental. A sua continuidade é de 210 dias. A quantidade de precipitação diminui de 508 mm na região pré-carpática para 280 mm na região oriental.

De acordo com os resultados das observações, há cerca de 160 dias de precipitação durante o ano. A região atual pertence a uma zona de humidade excessiva, cujo valor de GTA é de 1,6 - 2,0. Esta zona abrange parte das regiões de Ivano-Frankivsk, Lviv e Chernivtsi. As regiões de Chmenytsky e Ternopil também pertencem a esta zona.

Os índices climáticos foram bastante diferentes em 2012-2020. O período de crescimento começa no final de março de 2012. O período de crescimento começou no final de março em 2012. A temperatura média (abril-maio) foi de 9,1 e 12,6 °C.

A temperatura média do ar consistiu em 10,9 e $17,0^0$ C em abril-maio durante 2013. A temperatura média do mês caracterizada pelos índices 19,3 °C; 20,2 °C e 19,8 °C nos meses de verão junho-agosto.

A temperatura média do mês do ar consistiu em 10,3°C e 15,2°C, respetivamente em 2014. Os meses de verão (junho-agosto) temperatura média caracterizada pelos índices 17,8°C; 20,3°C e 20,2°C.

A conclusão da análise dos termos climáticos mostrou que os termos actuais não são favoráveis ao crescimento e desenvolvimento da planta da batata. A deficiência de humidade variou de 26 mm em agosto a 56 mm em junho durante este período. O pico da quantidade de precipitação ocorreu em maio e julho, tendo sido de 102 e 103 mm, respetivamente.

A primavera foi quente e bastante quente em 2015. A temperatura média mensal do ar foi de 9,8 e 13,5 °C em abril e maio. O período de verão foi bastante seco. Os termos climáticos caracterizaram-se como favoráveis ao crescimento da batata em 2015. As altas temperaturas médias e a deficiência de precipitação tiveram um impacto negativo no desenvolvimento da praga de Alternaria.

As temperaturas médias mensais do ar aumentaram em fevereiro para 5,6 °C, em março para -2,9⁰ C, em abril para 3 °C, respetivamente, e em setembro para 3,3 °C. A temperatura média mensal do ar foi de 12,2 °C e 14,8 °C em abril e maio. A temperatura média dos meses de verão (junho-agosto) registou os seguintes índices: : 19,7 °C, 21,6 °C e 20,1 °C. A deficiência de humidade variou entre 5 mm em maio e 64 mm em julho. A quantidade de precipitação ocorreu em junho. Foram 115 mm, respetivamente.

A temperatura média do ar nos meses aumentou em fevereiro 5,6 °C, em março -2,9⁰ C, em abril 3⁰ C, e em setembro 3,3⁰ C. A falta de humidade foi de 5 mm em maio e de 64 mm em julho neste período. O pico da quantidade de precipitação ocorreu em junho. Foi de 115 mm.

A temperatura média mensal do ar foi de 14,7°C e 17,5°C em 2018. O período de verão foi de seca. A temperatura média dos meses de verão (junho-agosto) teve índices de 19,4 °C, 20,7 °C e 21,5 °C.

A temperatura média do ar consistiu em 10,3°C e 15,2 °C durante abril-maio de 2019. O período de verão foi de seca. A temperatura média mensal dos meses de verão (junho-agosto) teve índices de 17,8°C, 20,3°C e 20,2°C. A temperatura do período de crescimento foi maior do que os índices plurianuais. A soma da precipitação consistiu em 918 mm durante o período de abril a setembro, foi maior do que a taxa de 212,5 %. A distribuição da precipitação não foi igual durante a estação. A deficiência de humidade observada em julho e agosto foi de 79 % e 47 %.

A temperatura média mensal do ar foi de 10,1 °C e de 12,9 °C em 2020. O período de verão foi de seca. Nos meses de verão (junho-agosto) a temperatura média do mês teve índices: 19,4°C, 20,3°C e 21,2°C. O aumento do mês médio do ar observado em agosto em 2,1 °C respetivamente e em setembro em 2,9 °C acima da taxa em 2020.

2.2. Formas de realização de estudos

O trabalho de investigação consistiu em inspeção local aleatória, laboratório, laboratório vegetativo, experiências de campo, técnicas fitopatológicas e micológicas. A plantação de batata foi efectuada durante todo o período de crescimento, desde a fase de abrolhamento até à fase de floração e até ao final do crescimento (setembro), tendo em conta o desenvolvimento das doenças da estação.

A batata foi plantada manualmente de acordo com a técnica geralmente aprovada em condições de campo (Dobrozrakova T.L. et all, 1969). Utilizam-se os tubérculos inteiros com peso de 50-60 g. Colocam-se na coroa a uma profundidade de 20 cm em cálculo de 50 mil tubérculos/ha segundo o esquema 70x30 cm.

Todos os registos de tubérculos derrotados e não derrotados foram determinados durante a recolha de rendimento em pesquisas de campo. Os resultados de rendimento (o número e o peso dos tubérculos) foram obtidos através da pesagem de cada arbusto. Os resultados obtidos foram comparados com os índices de controlo (rendimento das plantas, cultivadas em solo não infetado).

Derrota da planta da batata por agentes causadores de doenças.

As amostras de material vegetal com caraterísticas de derrota foram selecionadas para análise laboratorial. As plantas foram colocadas num saco de polietileno e depois etiquetadas. Cada amostra era constituída por um mínimo de 10 plantas. Os seguintes dados foram registados na etiqueta: número de plantas observadas, número de plantas suspeitas e o seu grau de derrota de acordo com a escala.

A escala de nove pontos utilizada para a avaliação das variedades de batata quanto à resistência ao míldio da Alternaria foi desenvolvida por cientistas do Instituto de Estudos da Batata NAAS (Kononuchenko V.V., 2002).

0-plantas sem derrotar os sintomas;

1 - derrota não grave, manchas separadas, cobrem menos de 2,5% da superfície das folhas 2 - manchas separadas, não cobrem mais de 5% da superfície das folhas;

3 - derrotado 10% da superfície das folhas;

4-média derrota, sintomas em 15% da superfície das folhas;

5-média derrota, cobre todas as folhas, a folha morre a 25%;

6-derrota muito grave, até 50% de folhas mortas, início da derrocada dos caules;

7- a75% das folhas morrem à superfície, progredindo para caules derrotados;

8- todas as plantas a derrotar.

A propagação e o desenvolvimento da doença (em cêntimos) foram contabilizados como sendo por copas de batata, derrotando os resultados dos registos.

A praga de Alternaria espalhou-se caracterizando parte das plantas derrotadas para o seu número geral. Foram estudadas desde os primeiros dez dias de junho até aos segundos dez dias de agosto com um intervalo de 10 dias. A escolha da sonda foi efectuada segundo a diagonal do campo. A escolha das sondas foi efectuada em função da área do campo (em 20 arbustos no campo). As sondas foram extraídas da seguinte forma: 15 amostras de 5 ha, de 5 a 10 ha foram 20, de 10 a 15 ha foram 25, mais de 15 ha mais duas sondas em cada 5 ha seguintes. Os índices finais foram contabilizados de acordo com a fórmula 1

$$R = \frac{n}{N} \cdot 100\%,$$

(1)

Onde:

R- é a propagação da doença (%),

n- número de plantas doentes nas sondas, pcs;

N- número geral de plantas investigadas nas sondas (doentes e sãs), pcs.

O desenvolvimento da doença caracterizou a relação entre a superfície foliar danificada e a área foliar total. Foi determinada em percentagem de acordo com a fórmula 2:

$$P = \frac{\sum ab}{NK} \cdot 100\%,$$

(2)

Onde:

P é o desenvolvimento da doença (%);

ab - indicador da soma dos lucros para a quantidade de plantas doentes (a) no seu ponto de derrota (b);

N-Quantidade geral de plantas registadas nas sondas, pcs;

K- o ponto mais alto da escala contabilística.

Determinação do material de invernada das plantas de batata.

A variedade suscetível ao míldio de Alternaria utilizada para o estudo do impacto invernal do material de plantação de batata, estudo sobre o aparecimento da doença.

Material de plantação de batata localizado na superfície do solo, portanto na profundidade 10-25 cm (por 10 plantas em cada variante). Da mesma forma, 10 plantas localizadas na superfície do solo, em outras variantes - em profundidade - 10 cm, 15 cm e 25 cm. A experiência idêntica realizada em parcelas com material de plantio na superfície do solo e profundidade 10-25 cm (por 20 plantas em cada caso).

Os seus caracteres morfológicos e a sua suscetibilidade às condições climatéricas foram estudados durante a investigação do agente casuístico das doenças. Os métodos de investigação microscópica foram utilizados para este fim. Foram propostos nos trabalhos de M.K. Chohryakovs (1979).

Identificação de agentes patogénicos.

Os agentes patogénicos são extraídos de plantas viáveis através da transferência de micélio ou esporos da superfície destruída para um novo meio nutritivo. A parte da planta destruída é colocada na câmara húmida caso seja impossível extrair o micélio ou os esporos dos fungos da superfície. Para este efeito, utiliza-se uma placa de Petri com papel de filtro húmido. Foram mantidas em condições óptimas de temperatura (+24-26°C) e humidade relativa do ar elevada (90-100%) com formação de colónias do agente causador atual.

Os agentes causadores do míldio da Alternaria da batateira foram comparados pelos seus termos morfológicos para o processo de aumento. A identidade observada no seu ciclo de vida, invernada e ressurreição primaveril e a diferença que aparece nas peculiaridades morfo-culturais (quadro 1.1).

Cultura limpa recebida através da passagem da colónia em meio nutritivo fresco (batata-cenoura). As eclosões são colocadas na superfície do meio por uma linha em ziguezague com pratos de diâmetro com ágar ou duas ou três eclosões curtas e paralelas.

A extração de fenótipos foi realizada em cultura limpa a partir de plantas de batata derrotadas, de acordo com as técnicas descritas por V.G. Ivanuk (2003), sendo depois cultivadas em meio de batata-cenoura para a identificação dos fenótipos e da patogenia.

Estudo do meio nutritivo no crescimento do micélio. O agente causador do míldio da Alternaria foi colocado simultaneamente em diferentes meios nutritivos: ágar de glucose de batata, meio de batata-cenoura, ágar nutriente, ágar Czapek Dox no centro da placa de Petri e depois incubado à temperatura de 20-28 °C. A observação do desenvolvimento dos agentes patogénicos (presença ou ausência de crescimento, diâmetro da colónia) foi efectuada durante sete dias, determinando-se em seguida o meio nutritivo mais adequado.

Os agentes causadores do míldio de Alternaria A. solani serviram de material para as pesquisas. Foram extraídos de partes derrotadas de plantas pelo método de câmara húmida. Os isolados de Alternaria blight da batata foram extraídos para a cultura limpa de acordo com as técnicas geralmente aprovadas. A intensidade da esporulação foi estudada em função do tipo de meio nutritivo com a utilização da câmara de Goryaev (Kyray Z., 1974), sendo o diâmetro da colónia medido todos os dias.

Determinação da resistência das variedades. A resistência das variedades às doenças é estudada em termos de antecedentes infecciosos naturais e artificiais.

Registo de derrota de tubérculos realizado com base na escala inferior de cinco pontos proposta (Kononuchenko V.V., 2002).

Quadro 2.1

Escala para a determinação do míldio da Alternaria na batateira, de acordo com a derrota da planta.

Ponto de rutura	Evolução da doença (%)
0	0
0,1-1	5-10
2-3	20-30
4-5	≥50

A determinação tradicional da resistência da variedade em termos laboratoriais é efectuada através da infeção artificial de folhas saudáveis de batata. As folhas são colocadas numa sala com condições óptimas de infeção e desenvolvimento da doença. No início, as folhas são colocadas na parte superior para baixo, para que a suspensão caia numa concentração de 15-20 conídios, do ponto de vista microscópico. As folhas são colocadas em posição geral durante 12 horas. A observação foi efectuada durante sete dias para determinar a continuidade do período de incubação. O diâmetro do tecido vencido (mm) foi medido no oitavo dia após a infeção. A esporulação (pontos) identificada nesta altura. A escala de três pontos desenvolvida por V.M. Plozhenetz, L.V. Nemeritsky et all. (2012).

A infeção das folhas foi efectuada três vezes, desde a fase de floração até à fase de decomposição do topo. Cada vez foram utilizadas 3 folhas para a investigação, pelo que a repetibilidade da experiência consistiu em $n=3x3 = 9$. Assim, o grau de resistência foi determinado de acordo com os índices propostos no quadro 2.2.

Estudo da resistência da planta da batata contra o míldio de Alternaria realizado em termos laboratoriais de acordo com uma técnica desenvolvida com base na espetroscopia de infravermelhos.

Quadro 2.2

Índice de responsabilidade e ponto de fuga ao grau de resistência

Índice de derrota	Ponto de rutura	Grau de derrota do míldio de Alternaria
0,0...5,0	9,0	muito elevado
5,1...10,0	8,0...8,9	elevado
10,1...15,0	7,0...7,9	relativamente elevado
15,1...20,0	5,0...6,9	médio
20,1...30,0	3,0...4,9	Baixa
>30,0	1,0...2,9	muito baixo

Havia dois graus de resistência diferentes para cada variedade especificada em termos de campo e laboratório, entre os quais se localizava a "fronteira disputada" (Ermakov A.I., 1987). A decisão sobre a resistência da variedade é aprovada com base nos dados recebidos. Assim, o seu valor é superior ou inferior à fronteira "disputada", a aproximação do valor concebido para a resolução da tarefa de cada técnica à fronteira "disputada". As caraterísticas de resistência são determinadas pela distância da fronteira "disputada".

É necessário subtrair da distância para o lado de maior resistência no lado de menor para fornecer quantidade final de resistência de união. Se esta diferença (d) fosse elevada o valor da resistência seria resistente entre dois.

A presente abordagem de avaliação da resistência pode ser descrita da seguinte forma (Polozhenetz V.M., 1997):

$$d = \left(\frac{|s_Б - m|}{|m_{+1} - m|} - \frac{|s_M - n|}{|n - n_{-1}|} \right) \begin{array}{l} \text{БІЛЬША} \\ > 0 \\ < 0 \\ \text{МЕНША} \end{array}$$

$$(3)$$

Onde:

$s_Б$ - valor quantitativo para esta técnica, a resistência é maior;

s_m- É um valor de resistência quantitativa para esta técnica, quando a resistência é menor; m- é um grau de resistência para a técnica quando a resistência é maior;

m_{+1} - é o limite superior do grau de resistência da técnica, quando a resistência é superior: п - é o limite entre o grau de resistência da técnica, quando a resistência é inferior; п_1 - é o grau de resistência inferior da técnica, quando a resistência é inferior.

Determinação da resistência das plantas de batata através do método da condutometria.

A variedade de tubérculos de batata cresce em termos laboratoriais até ao aparecimento dos dois primeiros pares de folhas. As folhas do primeiro e segundo pares foram selecionadas a partir do aparecimento da folha apical. São lavadas duas vezes com água destilada e secas à superfície com papel de filtro. Este papel é necessário para extrair os electrólitos exógenos que se encontram na superfície das folhas. Discos de diâmetro 10 mm foram cortados das folhas escolhidas e preparadas com um cortador de casca. Em seguida, foram colocados nos tubos (3 discos em cada) 0,2 ml de água bidestilada. Colocam-se 3,8 ml de água em cada tubo antes da medição da saída do eletrólito. Em seguida, colocam-se no ultratermostato para incubar num período de tempo e temperatura definidos. Os tubos são retirados para o termóstato de água. Incubaram durante duas horas à temperatura de 100 ° C a uma flutuação constante e mediram a condutividade eléctrica com um condutivímetro de grau S713/Cond/Fds/Sa/Ras/Meter, Ulab, UE. A eletrocondutividade máxima (E55) determinada no final do experimento após a tintura dos discos foliares por fervura durante 30 minutos, com posterior equalização da saída dos eletrolitos incubando por uma hora à temperatura de 55 °C com oscilação constante. Condutividade elétrica realizada em $\mu S/cm^2$. Electrolitos saída relativa (BBE) determinada em relação condutividade elétrica como por temperatura especificada (E55) e ($E100$).

Modo de determinação da resistência de variedades de batata à alternaria blight por espetroscopia de infravermelhos.

Amostras de material vegetal de batata derrotado pelo inóculo (fig. 2.1, 2.2) cresceram em condições de laboratório, com temperatura controlada no nível 25-30° C durante sete semanas.

As amostras de batata derrotadas são colocadas em folhas derrotadas por agentes patogénicos ($1cm^2$) para a realização de análises de reação. Colocaram a unidade de análise de infravermelhos vala 1ФС - Ломо - 46 (Rússia) e depois a sua reação de análise sobre a derrota do patogénio foi conduzida. O comprimento de onda de 1510 nm foi utilizado durante a análise.

O valor médio obtido a partir dos três dados para a análise da exatidão aumenta a rotação da vala em 90^0 .

Fig.2.1- Amostras de batata durante a inoculação de Alternaria blight.

Fig. 2.2- Amostras de material vegetal de batata após a inoculação do agente causal do míldio de Alternaria

O grau de resistência da batata ao míldio de Alternaria é determinado de acordo com as fórmulas

$$Y = K \cdot O\Gamma \cdot (W),$$

Onde:

Constante K da equação graduada;

$O\Gamma$ - densidade ótica

(W) - comprimento de onda analítico (1510 nm);

Y - grau das amostras de plantas de batata contra o míldio de Alternaria (em %).

Tratamento matemático dos dados para a determinação da resistência da batata ao míldio de Alternaria efectuado por Maslova Yu. I (1988) técnica de microscopia de infravermelhos.

Estudo da resistência de variedades de batata ao míldio de Alternaria através da determinação da atividade da peroxidase.

Participa nas reacções redox da fotossíntese, nos processos respiratórios, no metabolismo das proteínas e na regulação dos processos de crescimento, na desintoxicação do peróxido de hidrogénio, no catabolismo dos compostos fenólicos, na criação do radical superóxido O^2, destruindo o radical altamente ativo OH em reação com H2O2 (Andreeva V.A., 1988).

O fermento desempenhou um papel importante na criação da fitoimunidade. É por isso que a peroxidase é chamada de fermento de "emergência". O extrato foi dividido por fricção a partir de 5 ml de tampão trisborato (pH 7,8) e centrifugado por 6000 rotações por minuto durante dez minutos.O extrato foi incubado a partir de 1 ml de solução a 0,1% de H2O2 e pintado com 0,01% de H2O2 e pintado com 0,01% de solução de benzidina durante 5 minutos até ao aparecimento da cor azul, sendo o valor de extinção determinado no espetrofotómetro "IФC-Lomo-46" (Rússia) durante 600 nm. A atividade da peroxidase foi determinada de acordo com a técnica de Boyarkina. Fórmula 3:

$$A = EK/t \; ; (3)$$

onde:

A- atividade fermentativa (em mcmole de benzidina x100/1 g min)

E- valor de extinção;

K- rácio de penetração da luz a 600 nm;

t- tempo de incubação do fermento com substrato e aparecimento da pintura.

Assim, a forma de determinar a atividade da peroxidase nas variedades de batata. O nível do seu grau de resistência contra o agente patogénico permitiu determinar.

O tratamento matemático dos dados relativos à resistência da batata ao míldio de Alternaria foi efectuado de acordo com Yu.I. Maslov (1988).

Estudo da ação de preparações biológicas e fungicidas sobre o míldio de Alternaria realizado de acordo com as técnicas de K.V. Novzhylova (1985), S. O. Trybel et all (2013).

A experiência foi realizada quatro vezes, repetindo-se em parcelas curtas, num ambiente natural artificial. A área de cada parcela registada consistia em 1 m^2 . O método de nidificação das plantas consistia em 12 tubérculos (3x4) de cada variedade e opção. A variedade Serpanok, de maturação precoce, e a variedade Madlen, de maturação intermédia, foram utilizadas em condições de campo. Foram utilizados os seguintes preparados biológicos: Planrise+ (3,0 l/ha), MicoHelp (0,075 l/ha), FitoDoctor (2,0 l/ha), Trichodermin (2,0 l/ha).

Planrise é uma preparação microbiana altamente eficaz de ação fungicida e bactericida. Baseia-se na bactéria viável do solo (rizosfera) Pseudomonas fluorescens estirpe AP-33 e nos seus produtos de metabolismo com título não inferior a $3,0*10^9$ esporos em 1 ml de preparação. O sistema radicular das plantas hospedeiras habitou ativamente durante a preparação colocada no solo. Produziram uma série de matérias: fermentos, fitoalexinas (imunoestimuladores das plantas em crescimento), antibióticos, ácidos orgânicos, sideróforos (matérias transportadas nas células das bactérias, iões de ferro que inibem o desenvolvimento dos fitopatógenos e estimulam o crescimento das plantas). Inibem o desenvolvimento do agente patogénico durante o crescimento das plantas (Polozhenets V.M. et all, 1994; Chebotaryev N.T. et all., 2012).

MicoHelp é uma preparação microbiana multifuncional e multicomplexa. É recomendado para o tratamento e prevenção de doenças fúngicas. Inibe o desenvolvimento de fitopatógenos dos géneros: *Rhizoctonia, Phytophthora, Pythium* e etc. É baseado em fungos saprófitos - antagonistas do gênero *Trichoderma,* células viáveis бактерш *Bacillus subtilis, Azototobacter, Enterobacter, Enterococcus,* produtos biologicamente ativos microorganismos - viabilidade dos produtores. O número comum de células viáveis não inferior a $1*10^9$ CFU/cm^3.

PhytoDoctor é um fungicida de largo espetro de ação. Recomenda-se para a prevenção e complexo de doenças das culturas agrícolas, que são causadas por fungos e bactérias fitopatogénicos: míldio, oídio, míldio de Alternaria, sarna negra, fusarium, Septoria, peronosporose, míldio, podridão castanha, oídio, sarna, perna negra. Baseia-se em células viáveis e esporos da bactéria *Bacillus subtilis*, com um título não inferior a $5*10^9$ (Ehrenberg 1835, Cohn 1872). PhtyoDoctor previne eficazmente contra doenças e é antagonista de agentes causadores de doenças de plantas de âmbito alargado *Botrytis, Erwinia, Fusaium, Phytophthora, Pythium, Pyrenophora, Rhizoctonia, Septoria, Verticilium.*

Trychodermin BT é uma preparação biológica. Destina-se à luta e ao complexo de fungos e doenças bacterianas das plantas. O preparado é criado à base de micélio e esporos de fungos - antagonista *Trichoderma lignorum* estirpe LZ 15 com título não inferior a $2*10^9$ COE/ml. Trata-se de uma matéria biologicamente ativa. Inibe o crescimento e o desenvolvimento de fungos dos géneros: *Alternaria, Ascochyta, Botrytis, Colletotrichum, Fusarium, Phoma, Phytophtora.*

A eficiência técnica da preparação é determinada de acordo com a fórmula 4 (Chumakov A.E., 1972):

$$E = \frac{P_{\text{контр}} - P_{\text{досл}}}{P_{\text{контр}}} \cdot 100\%,$$

(4)

Onde:

E- eficiência técnica (%);

Pinsp- gestão do desenvolvimento da doença no controlo.

Índice de desenvolvimento de doenças na parcela pesquisada.

Tratamento estatístico dos resultados experimentais efectuado de acordo com Dospechov B.A. (1985) com o Microsoft Office Excel 2010.

Pesquisas locais selectivas de plantações de batata fornecidas de acordo com o uso de GPS - sistema de navegação.

O GPS (Global Positioning System) é um sistema de navegação por satélite que permite determinar com a máxima precisão a localização de um objeto, a sua latitude e longitude, a altura acima do nível do mar, a direção do vento e a velocidade do seu movimento.

O princípio básico da utilização do sistema é a localização através da medição das distâncias entre o objeto e os pontos com coordenadas de satélites especificadas. A distância é calculada de acordo com o atraso de propagação do sinal desde a emissão do satélite até à antena. É necessário conhecer a distância a três satélites e o tempo do sistema GPS para determinar as coordenadas de três medições do recetor GPS. A utilização do GPS permite registar os pontos de coordenadas nítidas e os limites das parcelas de terreno.

Os sistemas de cartografia GPS agrícola permitem descrever as particularidades das parcelas de campo em utilização agrícola intensiva. Pode juntar caraterísticas como o microclima, o tipo de solo, as parcelas de rendimento, as doenças, o volume de produção.

CAPÍTULO 3

CARACTERÍSTICAS DE DIAGNÓSTICO DA ALTERNARIA BLIGHT DA BATATEIRA, PROPAGAÇÃO DA DOENÇA NA REGIÃO SUDOESTE DA UCRÂNIA

3.1.Os sintomas caraterísticos do míldio da Alternaria da batateira.

O míldio de Alternaria (fig. 3.1) ocorre nas folhas, caules, pedúnculos e tubérculos. São conhecidas duas formas da doença: mancha seca precoce e mancha seca tardia.

Fig 3.1 Mancha de Alternaria da Batata; a- doença a aparecer nas folhas; b - caule derrotado;

c, d - vista geral da folha derrotada

A mancha seca precoce, como é habitual, apareceu antes do abrolhamento das folhas, 15-20 dias antes da floração. O sinal caraterístico da doença é o aparecimento de manchas circulares, castanho-escuras ou castanhas, definitivamente limitadas. Atingem 1,5 cm de diâmetro, com círculos bem concentrados. A camada preta clara observa-se nas manchas. É constituída por corpos de esporulação de fungos. O tecido seca e cai em manchas durante o tempo seco. As manchas são compridas, castanho-escuras, com zonas concêntricas com placas pretas e cinzentas-escuras nos caules e caules derrotados. A necrose funde-se numa só durante a forte derrota. As folhas tornam-se amarelas e secas. A forte derrota das folhas leva ao aparecimento de úlceras e as plantas secam.

Provoca alterações patológicas nos tubérculos, para além de um impacto negativo no aparelho fotossintético da planta. A derrota recente faz com que apareçam manchas pesadas, cinzentas-escuras ou castanhas-escuras ligeiramente espremidas, cobertas por placas escuras ou cinzentas-escuras. O tecido transforma-se numa massa pesada, preta e castanha nos locais de necrose. É bem conhecido por derrotar o corte do tubérculo. Estas caraterísticas observam-se bem durante 2-3 semanas após a colheita. Os tubérculos doentes são colonizados por diferentes microrganismos saprófitos e perdem o seu valor comercial.

A mancha de míldio tardio apareceu no final da floração da batata nas folhas, nas partículas dos bordos, redondas ou desajeitadas, manchas castanho-escuras com uma forte placa de azeitona aveludada.

As manchas pretas inteiras apareceram em caules e caules derrotados. As linhas concêntricas estão ausentes nas manchas derrotadas em comparação com a mancha seca inicial. As manchas circulares ligeiramente pressionadas apareceram nos tubérculos derrotados. A placa preta aparece com muita frequência. A derrota dos tubérculos favoreceu a sua decomposição.

O míldio de Alternaria causa danos especiais nas variedades maduras precoces. Provoca o aparecimento da doença com a formação de tubérculos.

3.2.A doença propagou-se na região do sudoeste da Ucrânia

O controlo do desenvolvimento e da propagação da doença Alternaria blight tem um valor especial nos sistemas modernos de cultivo e propagação, especialmente nas parcelas domésticas e nas empresas de cultivo de batata fortemente especializadas. A otimização das medidas de proteção da batata é a principal tarefa na luta contra o míldio de Alternaria e também a sua biologia e a formação de pragas estruturais com novas tecnologias de monitorização e avaliação da eficácia da preparação biológica.

A análise do risco de pragas na plantação de batata foi efectuada com base nos dados recebidos sobre a praga Alternaria da batata durante 2012-2016. Os resultados da investigação são apresentados no quadro 3.1.

Os resultados da monitorização fitossanitária do míldio da Alternaria da batata na região de Chernivtsi determinaram que os índices mais elevados de propagação (90,0%) e de desenvolvimento da doença se registaram na povoação de Serghii Putyla. A derrota mais baixa foi observada na aldeia Mychailivka, distrito de Kelmentsi. A propagação foi de 31,8% e o desenvolvimento da doença de 22,0%.

A propagação da doença situa-se entre 61,5% e 42,4% e o seu desenvolvimento entre 42,5% e 22,5% na região de Zakarpattia. A propagação mais baixa foi observada na aldeia de Yasynnia (61,5%), no distrito de Rachiv, e o seu desenvolvimento consistiu em 42,5%, respetivamente. Os índices mais baixos registaram-se na aldeia de Pylyupets, distrito de Mizhirrya - 42,4 e 22,5%, respetivamente.

A doença cobriu 58,6%-67,4% das plantas na região de Ivano-Frankivsk. O seu desenvolvimento foi de 36,4%-41,8%. O nível de propagação mais elevado foi observado na aldeia de Sokolivka, distrito de Kosiv - 67,4% e o seu desenvolvimento atingiu 41,8%. O nível mais baixo de propagação e desenvolvimento da praga de Alternaria (58,6% e 36,4%, respetivamente) foi observado na aldeia do distrito de Iltsy Verkhovyna.

Estes índices eram de 63,5% e 37,8%, respetivamente, na cidade de Turka, na região de Lviv.

A distribuição da área geralmente aprovada para a utilização da praga de Alternaria na batata depende do nível de desenvolvimento da doença. Apoia as áreas de distribuição distrital em zonas de investigação, (quadro 3.2):

- zona de desenvolvimento muito forte (mais de 40%);
- zona de forte desenvolvimento (35 - 40 %);
- zona de desenvolvimento ligeiro (30-35%);

Table 1   zona de fraco desenvolvimento (até 30%)*1*

Propagação e desenvolvimento do míldio da Alternaria da batata nos agregados familiares da estepe florestal do sudoeste da Ucrânia (média em 2012-2016).

Distrito	Liquidação	Propagação da doença,%.	Evolução da doença,%.
Região de Chernivtsi			
Vyzhnytsia	v.Banyliv	59,3	35,2
	v.Ispas	63,6	37,9
	v. Chornoguzy	67,0	41,3
Hertsa	v. Gorbova	47,2	28,8
	v. Ostrytsia	43,8	25,1
	t. Hertsa	42,0	25,0
Hlyboka	v. Chagor	69,2	44,0
	v. Mychailivka	71,0	50,0
	v. Dumbrava	67,5	41,2

	v. Doroshivtsi	40,1	22,0
	v. Verenchanka	49,6	29,5
Zastavna	t. Zastavna	44,8	26,0
	t. Novoselytsia	39,0	20,7
Kelmentsy	v. Nagoryany	37,6	25,1
	v. Mychilivka	31,8	22,0
	v. Chortoryia	40,8	22,4
Kitsman	v. Schypyntsy	38,5	21,6
	v. Davydivtsi	43,0	28,1
	v. Mahala	52,3	30,4
Novoselitsia	v. Boiany	70,4	48,6
	v. Ryngach	57,0	33,5
	v. Serghii	90,0	73,5
Putyla	v. Tyudiv	89,1	66,0
	v. Putyla	86,0	63,0
	v. Lomachyntsi	39,7	21,2
Sokyriany	v. Shyshkivtsi	46,3	31,0
	t. Sokyriyany	42,9	27,5
	v. Stara Zhadova	55,0	32,4
	v. Krasnoyilsk	61,3	42,0
Storozhynets	v. Panka	53,6	37,8
	v. Vladychna	55,4	32,3
Хотинський	v. Dynivtsi	56,8	33,7
Khotyn	t. Chotyn	52,6	31,0
	t. Chernivtsi	63,3	37,6
Região de Zakarpattia			
	v. Synevir	49,5	29,3
Mizhirrya	v. Maydan	45,2	28,0
	v. Pylypets	42,4	22,5
	v. Surupy	54,6	32,7
Rachiv	v. Yasinnya	61,5	42,5
	t. Rachiv	54,2	38,0
Região de Ivano- Frankivsk			
	v. Iltsi	58,6	36,4
Verkhovyna	v. Bystrets	63,4	38,0
	setl. Verkhovyna	67,2	41,5
	v. Rozhnyativ	64,2	38,6
Rozhnyativ	v. Nebyliv	65,7	39,0
	v. Sheshory	63,7	38,0
Kosiv	v. Sokolivka	67,4	41,8
Região de Lviv			
Turka	t. Turka	63,5	37,8

Os distritos estudados receberam as zonas II e III de acordo com a zonagem

40

indicada. A zona II é uma zona de desenvolvimento de Alternaria blight (regiões de Chernivtsi, Ivano-Frankivsk, Lviv). O nível de desenvolvimento da doença aumentou 35% e a propagação consistiu em 55%. A zona III é uma zona de desenvolvimento ligeiro do míldio de Alternaria (região de Zakarpattia). O desenvolvimento da doença situou-se entre 30 e 35 % e o nível de propagação foi de 51,2 %.

Table 2   2

Propagação e desenvolvimento do míldio da Alternaria da batateira no Sudoeste de Foreststep
Ucrânia (média 2012-2016)

Região	Alternaría zona de desenvolvimento de flagelo	Propagação da doença, %	Evolução da doença, %
Chernivtsi	II(zona de forte desenvolvimento)	55	37,4
Zakarpattia	III (zona de desenvolvimento ligeiro)	51,2	32,2
Ivano- Frankivsk	II(zona de forte desenvolvimento)	64,3	39,0
Lviv	II (zona de fraco desenvolvimento)	63,5	37,8

CAPÍTULO 4

PECULIARIDADES BIOLÓGICAS DA ALTERNARIA SOLANI (Ell et Mart)

4.1. Peculiaridades do agente causador do míldio de Alternaria invernada e ressurreição primaveril do material infetado.

Existem muitos índices importantes para a proteção da batata contra o míldio de Alternaria. Entre eles contam-se: a presença da doença, o processo de invernada do seu agente causador e a ressurreição primaveril da infeção. Existem poucos dados sobre a invernada do agente patogénico. É por isso que é necessário estudar esta questão em termos da região sul da Estepe Florestal Ocidental da Ucrânia.

Foram realizados estudos experimentais para restos de plantas de batata derrotados pelo agente causador do míldio de Alternaria durante 2014-2016. O índice de derrota do material de plantação de batata da praga de Alternaria foi de 93,2-30,1 % (quadro 4.1).

Quadro 4.1

Investigação do impacto da variedade Winter terms contra a praga de Alternaria (variedade Serpanok, 2014-2016, UkrSRPQ IPP).

Pesquisa variantes (10 plantas), Localização das plantas:	Alternaria blight data de aparecimento	Quantidade de plantas derrotadas, %
Na superfície do solo	27.05	93,2
No solo a uma profundidade de 10 cm	13.06	81,6
Na profundidade do solo 15 cm	19.06	46,5
No solo a uma profundidade de 25 cm	23.06	30,1
LSDo5		3,7
Variante da experiência (20 plantas) localização das plantas:	Alternaria blight data de aparecimento	Quantidade de plantas derrotadas, %
Na superfície do solo	24.05	95,6
No solo a uma profundidade de 10 cm	10.06	85,2
No solo a uma profundidade de 15 cm	17.06	50,6
No solo a uma profundidade de 25 cm	21.06	34,1
LSDo5		4,8

Nota: * LSD - diferença mínima significativa

O maior índice de plantas doentes foi observado nas parcelas com material vegetal de batata vencido localizado na superfície do solo (93,2 %) e na parcela com plantas localizadas a 10 cm de profundidade (81,6 %). Foram observados índices de derrota menores nas parcelas com plantas localizadas a 15 e 25 cm de profundidade. O seu abatimento foi de 46,5 % e 30,1 %, respetivamente. (tabela 4.1).

Os primeiros sinais do míldio de Alternaria foram observados na variante com restos vencidos à superfície do solo e a 10 cm de profundidade. A destruição foi de 93,2 % e 81,6 %. Este índice foi de 46,5 % na profundidade de 15 cm e de 30,1 % na profundidade de 25 cm, respetivamente.

Os primeiros sinais do míldio da Alternaria foram observados, mais do que na experiência anterior, em parcelas com carga infecciosa de 20 plantas por m^2. A derrota do material de plantação de batata do míldio da Alternaria situou-se entre 34,1 e 95,6 % em 20 plantas de base infecciosa. Os índices mais elevados de derrota foram mais elevados nas variantes com material de plantação localizado à superfície do solo e a 10 cm de profundidade. O seu valor foi de 95,6 % e 85,2 %, respetivamente (quadro 4.2).

Os resultados da experiência confirmaram que o aparecimento da doença depende da profundidade de localização do material de plantação no solo. Foi determinado que o agente patogénico invernou no solo em conídios nos restos de plantas derrotadas da praga de Alternaria. Este facto foi confirmado pela extração de conídios viáveis do material de plantação no início da estação de crescimento, na primavera.

4.2. Impacto do meio nutritivo no crescimento e desenvolvimento das colónias de Alternaria solani (Ell. Et.Mart) nos diferentes modos de impacto da temperatura.

A extração de culturas limpas e a sua utilização são importantes para o ciclo de vida e para as peculiaridades morfoculturais dos agentes patogénicos em micologia. Os pontos importantes são os seguintes factores, como a humidade relativa e o meio nutritivo. Estes factores têm um grande impacto nos processos de viabilidade da cultura durante o crescimento e o desenvolvimento.

Foi efectuada uma observação especial para determinar o impacto dos modos de temperatura no crescimento do fungo *A. Solani*. Foi determinado que o diâmetro da colónia variava a diferentes temperaturas. A temperatura óptima foi de 24-26°C para o crescimento do micélio. O maior diâmetro de colónias dos isolados foi observado a uma temperatura de +26°C. A inibição do crescimento das colónias ocorreu na temperatura de crescimento seguinte (quadro 4.2).

Quadro 4.2

Alternaria blight (Ell et Mart) agente causador do crescimento em diferentes

meio nutritivo durante o crescimento em diferentes modos de temperatura

	Diâmetro das colónias (mm) em t, °C				
Nome do meio nutritivo	20°C	22°C	24°C	26°C	28°C
Ágar Batata-Dextrose (PDA)	24,5	26,7	29,5	32,0	22,3
Meio de batata-cenoura (PCM)	41,1	45,3	48,7	52,3	39,5
Ágar nutriente	52,4	54,0	57,3	59,4	48,3
Ágar Czapek- Dox	55,5	58,3	60,2	62,5	50,1

A comparação para a determinação de diferentes meios nutritivos (PDA, PCM, ágar nutriente, ágar Czapek Dox) em colónias *A. solani* foi realizada após o sétimo dia. O crescimento observado em todas as variantes.

O melhor crescimento do micélio ocorreu em ágar Czapek Dox sintético. O diâmetro das colónias variou entre 50,1 e 62,5 mm. O diâmetro das colónias era de 48,359,4 mm em ágar nutriente. Foi registado algum crescimento lento do micélio de *A. solani* em PDA e PCM. O diâmetro das colónias foi de 39,5-52,3 mm no primeiro caso. Este segundo índice consistiu em 22,3-32,0 mm.

A análise de fontes literárias (Gannibal F.B.,2011) confirma que os parâmetros óptimos para o crescimento e desenvolvimento de *A. solani*. Varia no âmbito de +24°C. A humidade relativa do ar é de 90%. A oscilação da temperatura pode diminuir em diferentes âmbitos e vice-versa para aumentar o crescimento e o desenvolvimento dos isolados do agente causador. As temperaturas mais baixas favorecem a diminuição do desenvolvimento dos fungos. Foi determinado que a esporulação de Alternaria blight é adequada para muitos meios nutritivos, mas o meio de batata-cenoura e o ágar V-8 são utilizados com mais frequência. (Widner J., 1986; Gannibal F.B., 2011).

Realizámos a experiência necessária para determinar diferentes modos de temperatura durante a localização em diferentes meios nutritivos no crescimento do micélio e no desenvolvimento de colónias de Alternaria blight. A melhor formação de conídios foi realizada em ágar Czapek Dox (76 mil pcs/ml). Foi confirmada em diferentes meios nutritivos durante o crescimento de *A. solani*. O valor da intensidade de esporulação foi de 69,0 mil pcs/ml em ágar nutriente. A intensidade de esporulação bastante baixa foi observada durante o uso do meio batata-cenoura e do ágar batata-dextrose. Este índice oscilou entre 5,6-12,0 e 11,0-25,3 milhares de pcs/ml, respetivamente (fig.4.1).

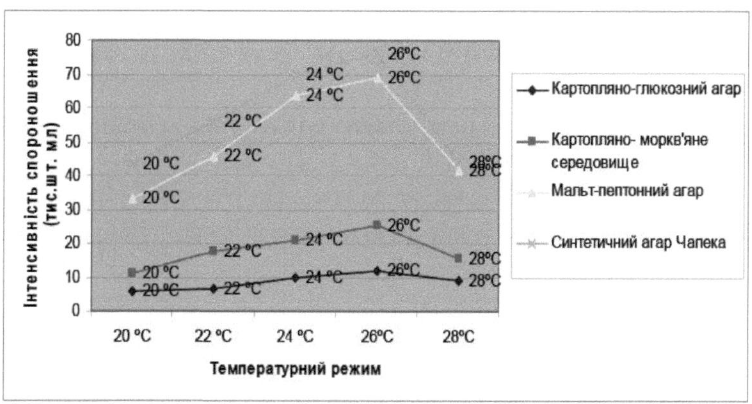

Fig.4.1 Intensidade de esporulação de Alternaria blight durante o crescimento em diferentes meios nutritivos a diferentes temperaturas.

CAPÍTULO 5

RESISTÊNCIA DAS VARIEDADES DE BATATA À ALTERNARIA BLIGHT

5.1. Técnicas de importação para a determinação da resistência da batata ao míldio de Alternaria

Existem muitas formas conhecidas, no campo e em laboratório, de determinar a resistência das variedades de batata ao agente causador do míldio da Alternaria, a espécie *Alternaria* (Nees).

O método de campo para determinar a resistência da batata baseia-se na derrota direta da planta da batata por esporos de fungos do género *Alternaria* (Nees). Estes foram estudados em condições naturais de campo. Os sintomas da doença começam após o rebento durante o período de crescimento e as amostras de batata derrotada começam a ser registadas (Kononuchenko V.V., 2002).

O método de laboratório inclui a derrota dos rebentos e a inoculação dos tubérculos de batata de uma cultura limpa com a seguinte proteção durante um período prolongado até ao aparecimento da doença. As plantas de batata derrotadas são registadas depois de terminado o período de tempo determinado.

As formas especificadas têm algumas carências. A laboriosidade ocupa um lugar de destaque entre elas. Demora todo o período de crescimento da planta de batata e de desenvolvimento do agente patogénico. É necessário que as amostras de batata sejam infectadas pelo agente causador do míldio de Alternaria. Trata-se de um agente patogénico de uma doença perigosa e é necessário o cumprimento rigoroso do procedimento de trabalho com este organismo. Por isso, é necessário desenvolver os métodos expressos para determinar a resistência da batata ao agente causador da praga de Alternaria.

A forma de determinar a resistência da batata ao agente causador da praga de Alternaria através da análise da peroxidase. Inclui a infeção da batata pelo inóculo do agente causador da doença. A sua análise baseia-se na extração de peroxidase de variedades de batata de diferentes grupos de maturação. Em seguida, determinaram a atividade da peroxidase e escolheram as variedades resistentes a esta doença.

A comparação com a técnica normalizada permitiu a análise da qualidade. O trabalho de investigação foi efectuado em diferentes variedades de batata por maturação. Entre elas, as seguintes variedades: Zagadka, Skarbnytsia, Fantasy, Svitanok. Kyivsky, Virineya, Lugivska, Poliske Dzerelo, Chervona Ruta.

Amostras de tubérculos de batata infectados com inóculo de Alternaria blight (cultura de duas semanas do agente patogénico em ágar batata-dextrose) inseridas por mola a uma profundidade de 10 mm. Os tubérculos inoculados foram guardados durante 6-7 semanas a 25-30°C para o aparecimento da doença. O registro da planta de batata derrotada foi realizado após o término do presente termo.

O grau de derrota foi determinado de acordo com a base de avaliação de cada tubérculo separado conforme a escala, tabela 5.1.

Quadro 5.1

A planta de batata que derrota a escala do agente causador da praga de Alternaria

Ponto de rutura	Evolução da doença, %
0	0
0,1-1	5-10
2-3	20-30
4-5	≥ 50

Os resultados das variedades de batata que derrotaram o grau: As variedades Skarbnytsia e Zagadka obtiveram 5 pontos, a variedade Svitanok Kyivskyi - 4 pontos, as variedades Fantasy e Virineya - 3 pontos, a Lugivska -2 pontos e as variedades Poliske Dzerelo e Chervona Ruta - 1 ponto.

As variedades de batata utilizadas são as do grupo de maturação, assim na experiência como no método padrão.

A peroxidase foi selecionada para determinar as enzimas redox. Ele participa de reações redox fosíntese, processos de respiração, metabolismo de proteínas e regulação do crescimento do processo. desintoxicação de peróxido de hidrogénio, catabolismo compostos fenólicos, na criação radical superóxido O_2, destruindo alta radical ativo OH em reações com H_2O_2.

A enzima participa na formação da fitoimunidade.

Permite designar a peroxidase como enzima de "alarme". O extrato recebido através da fricção de 5 ml de tampão tris-borato (pH 7,8) e centrifugado a 6000 rotações por minuto durante 10 minutos.

Extrato 1ml incubado com 1 ml de solução 0,1% H_2O_2 e pintado 0,01% por solução de benzidina durante 5-10 minutos até ao aparecimento da cor azul. O valor de extinção foi determinado no espetrofotómetro "Lomo-46" a 600 nm. A atividade da peroxidase foi determinada de acordo com as fórmulas:

A= EK/t conforme a técnica de Boyarkina, onde:

Atividade fermentativa A (em mcmole de benzidina x 100/1 g. min.);

K - rácio de transmissão da luz a 600 nm

t - Tempo de incubação fermentação com substrato e aparecimento de corantes.

Foi determinado pelos resultados do trabalho de investigação científica que as variedades de batata de diferentes grupos de maturação têm a mesma resistência ao míldio de Alternaria. Se a atividade oscilou no âmbito de 4,39-10,1. Mas no caso das susceptíveis, a atividade foi de 24,3-34,3 mcmole/1 g. min. Esta caraterística permitiu escolher a variedade de batata resistente ao míldio de Alternaria. As variedades de batata Skarbnytsia e Zagadka pertenciam ao grupo das variedades de maturação precoce. Nelas observou-se o nível mais elevado de derrota (5 pontos) e a sua atividade de peroxidase oscilou entre 24,3-34,3 mvcmole/1 g min (quadro 5.2).

Quadro 5.2

Atividade da peroxidase das variedades de batata e seu grau de resistência à Alternaria

agente causador do míldio.

		Grau de resistência dos tubérculos (Protótipo)	Quantidade de tubérculos vencidos	Atividade da peroxidase (M±m) (modo declarado)
1	2	3	4	5
1.	Zaqgadka	5	5	34,3±0,25
2.	Skarbnytsia	5	5	24,3±0,06
3.	Fantasia	3	5	18,7±0,46
4.	Svitanok Kyivskyi	4	5	14,15±0,11
5.	Vireneya	3	5	15,9±0,19
6.	Lugivska	2	5	10,7±0,03
7.	Poliske Dzerelo	1	0	10,1±0,15
8	Chervona Ruta	1	0	4,39±0,13

d.s.l. $\leq$ 0,6

Nota 1,2,3- o grau de derrota das variedades de batata pelo agente causador do míldio de Alternaria

Desta forma, foi possível determinar a resistência da batata ao agente patogénico através da determinação da sua atividade de peroxidase. O processo de determinação da atividade da peroxidase é realizado em 8 amostras de batata ao míldio de Alternaria no espetrofotómetro a 600 nm, durante 1 hora, e a forma de derrota é através da entrada do inóculo (protótipo) -49 dias.

A melhor forma de determinar a resistência da batata ao míldio de Alternaria é através do controlo experimental. Foi conduzido durante a variedade de batata recebida do Instituto de Estudo da Batata NAAS, derrotando o patógeno.

A forma de determinar a resistência da batata ao agente causador da praga de Alternaria é através do **método de condutometria**, que se baseia na análise da saída de electrólitos através da membrana das folhas de batata, determinando o grau de resistência da batata ao agente causador da praga de Alternaria.

As variedades de batata utilizadas para os estudos foram as seguintes: Skarbnytsia, Zagadka, Fantasy, Svitanok Kyivksyi, Vurineya, Lugivska, Poliske Dzerelo, Chervona Ruta, Slovyanka.

O grau de derrota foi determinado na base de cada tubérculo separado, de acordo com a escala, tabela 5.1.

As variedades de batata crescem em condições especiais de laboratório até ao aparecimento de 2 folhas duplas. As folhas foram selecionadas a partir do primeiro e segundo pares desde a folha apical, foram lavadas com água destilada duas vezes e depois secas sobre a superfície de papel filtrado duas vezes. É necessário para a extração dos elelctrolitos exógenos adsorvidos na superfície das folhas. Discos com 10 mm de diâmetro foram cortados por um cortador de casca de folhas escolhidas e preparadas. Em seguida, colocam-se nos tubos (3 discos em cada) 3,8 ml de água adicionada a cada tubo e colocam-se no ultratermostato para incubação num período de tempo e temperatura definidos antes da medição da saída do eletrólito. Os tubos são colocados no termóstato de água. Incubaram durante 2 horas à temperatura de 100°C durante a oscilação constante e a medição da condutividade eléctrica com o condutivímetro №5721M (figura 5.1). A condutividade elétrica máxima (E55) medido no final do experimento, depois de discos de folhas morrem com ebulição durante 30 minutos com seguinte equalização saída de eletrólitos incubação durante 1 hora a temperatura 55°C com oscilação constante. Condutividade elétrica medida em $\mu S/cm^2$. Saída relativa de eletrólitos (BBE) expressa em razão da condutividade elétrica em relação à temperatura definida (E55) e (E100)...

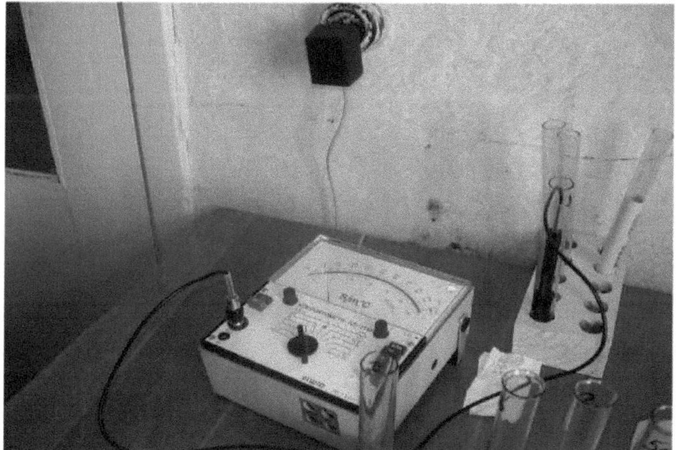

Fig.5.1 Condutómetro №5721M

Foram analisadas 9 variedades de batata de acordo com os resultados da investigação. Entre elas, destacam-se Slovyanka, Skrbnytsia, Zagadka, Fantasy, Virineya, Svitanok Kyivskyi, Lugivska, Poliske Dzerelo, Chervona ruta. O valor mais baixo para a saída de electólitos foi determinado nas seguintes variedades de batata: Slovyanka (0,80 μS/cm^2); Chervona Ruta (0,81 μS/cm^2), Poliske Dzerelo (0,85 μS/cM^2), Ligivska (0,87 μS/cm^2). As variedades de batata especificadas caracterizaram a maior resistência à praga de Alternaria. O resto das variedades de batata saída de eletrólitos consistiu em: Viryneya (0,91 μS/cm^2), Fantasy (0,92 μS/cm^2), Svitanok Kyivskyi (0,94 μS/cm^2), Skarbnytsia (0,96 μS/cm^2), Zagadka (0,97 μS/cm^2) (tabela 5.2).

Assim, a forma de determinar a saída de electrólitos através da técnica de condutometria permitiu definir o grau de resistência da batata ao míldio de Alternaria.

O processo de determinação da resistência da batata consistiu em 2 horas em comparação com o protótipo que consistiu em 49 dias. O método de determinação da resistência da batata ao míldio de Alternaria permitiu determinar a resistência em qualquer período do ano em termos laboratoriais.

Tabela 5.2.

O grau de resistência da batata ao agente causador do míldio de *Alternaria (Nees)* é determinado de diferentes formas.

№ itens	Variedades de batata	O grau de resistência ao míldio de Alternaria	
		Tubérculos Grau de resistência (patótipos)	Condutometria (μS/cm^2) (A forma proposta)
1	2	3	4
1.	Zagadka	5	0,97 ±0,01
2.	Skarbnytsia	5	0,96 ±0,0033
3.	Fantasia	3	0,92±0,0058
4.	Svitanok Kyivskyi	4	0,94±0,0088
5.	Vityneya	3	0,91±0,0058
6.	Lugivska	2	0,87±0,0033
7.	Poliske Dzerelo	1	0, 85±0,0033
8.	Chervona Ruta	1	0, 81±0,0058
9.	Slovaynka	1	0,80±0,0058

Modo de determinar a resistência da batata ao míldio de Alternaria através da análise de plantas defeituosas por espetroscopia de infravermelhos

Avaliação laboratorial da resistência da batata à *Alternaria* realizada através da derrota de tubérculos de batata de diferentes variedades através da entrada de inóculo (duas semanas de culturas de patógeno em ágar batata-peptona) springe (1ml, consiste em 5000 conídios de patógeno) em tubérculos em profundidade 10 mm. Tubérculos inoculados salvos durante 6-7 semanas a 4-8 ° C antes do aparecimento da doença, A inoculação de tubérculos realizada em junho-julho, por exemplo, na maior parte dos tubérculos suscetibilidade à doença.

O grau de derrota é determinado com base em cada planta separada, de acordo com uma escala de nove pontos:

0 plantas sem derrotar os sintomas;

1. uma derrota insignificante, manchas separadas, cobrem menos de 2,5% da superfície das folhas

2. manchas separadas, não cobrem mais de 5% da superfície das folhas

3. derrotado 10% da área das folhas

4. derrota média, sintomas em 15% da superfície das folhas;

5. média de derrotas, quase todas as folhas desidratadas a 25% de folhas secas:

6. derrota muito forte, até 50% das folhas morreram, os caules começam a derrotar

7. a75% deixa áreas derrotadas, caules derrotados a progredir

8. Todas as plantas morreram

O grau de derrota da batata pela Alternaria em 5 variedades de batata analisadas consistiu em

Lugivska-3 pontos;

Chervona ruta- 5 pontos;

Yavir-2 pontos;

Virineya-3 pontos;

Zagadka-6 pontos.

As plantas das variedades de batata foram destruídas em laboratório pelo agente causador da doença antes do método de análise. Foram conduzidas a uma temperatura de 4 - 8° C durante 7 semanas. A reação de análise foi realizada em amostras de batata após este período. As folhas de batata de 1 cm^2 foram colocadas na cuvete do analisador de infravermelhos IFA-61 (empresa Jeol, Japão). O grau de derrota da doença (em %) foi determinado através do comprimento de onda de 1510nm. O grau de derrota da variedade de batata suscetível foi determinado de acordo com os resultados da análise. O grau de resistência da variedade Zagadka foi de 43%. O grau de resistência da variedade de resistência média Chervona ruta foi de 38%. O grau de resistência das variedades resistentes atingiu apenas 24-27. Entre elas estavam Yavir, Lugivska e Virineya (ver Quadro 5.3).

O grau de derrota das variedades de batata resistentes ao до *Alternaria solani (Ell. Et Mart.* та *Alternaria alternata (Keissler)* é apresentado na figura 5.2. Entre elas encontram-se: Lugivska - 26%, Yavir - 24%. Virineya - 27%, a variedade Chervona ruta - 38%, de resistência média à doença, e a variedade Zagadka - 43%, suscetível à praga de Alternaria.

Quadro 5.3

Amostras de batata com míldio de Alternaria com valor de grau de derrota determinado por diferentes formas.

№	Variedades. Híbridos de batata	Grau de derrota	
		Derrota direta (pontos) (patótipo)	Forma de espetroscopia de infravermelhos, em % (M±m)
1.	Lugivska	4	26±0,33
2.	Chervona ruta	5	38±0,33
3.	Yavir	2	24±0,66
4.	Virineya	4	27±0,66
5.	Zagadka	6	43±0,33

Assim, a análise da derrota por contraste às variedades de batata *Alternaria* através da espetroscopia de infravermelhos permitiu determinar o seu grau de derrota ao agente patogénico.

O processo de determinação da resistência de 5 variedades de batata à *Alternaria* durou 20 minutos. A forma de derrotar a suspensão da doença dos tubérculos da batata (patotipo) consistiu em 4 horas.

A proposta de determinação da resistência da batata à *Alternaria* foi objeto de um controlo experimental. o experimental, que foi realizada durante o período de combate ao agente patogénico das variedades de batata. Estas variedades foram recebidas do Instituto para o estudo da batata NAAS. Polissiana division Institute for potato study NAAS Ukraine.

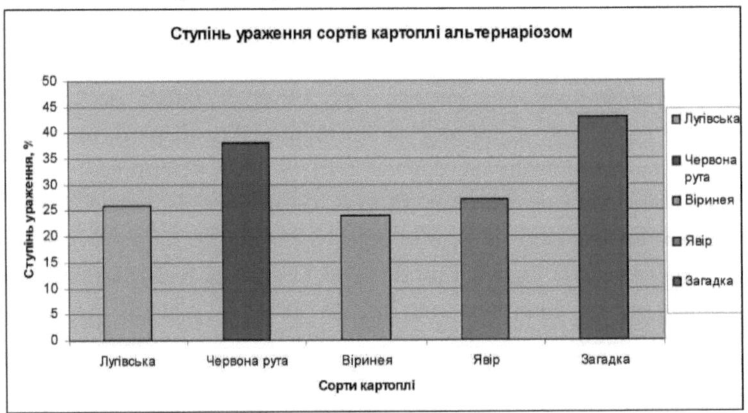

Fig. 5.2 O grau de derrota das variedades de batata Alternaria solani (Ell. Et Mart.) e Alternaria alternata (Keissler)

5.2. Estudo da resistência das variedades de batata às doenças

A criação e o melhoramento das variedades mais resistentes e altamente produtivas é um dos aspectos importantes do estudo da batata, apesar da tendência para a propagação do míldio da Alternaria da batata. Estas variedades permitiram obter elevados rendimentos da cultura atual com um menor número de utilizações de pesticidas.

Os resultados por nós recebidos são propostos no quadro 5.4 para a determinação das variedades de batata resistentes e susceptíveis.

O diâmetro do tecido derrotado em diferentes variedades foi de 40-51 mm, de acordo com os dados da tabela 5.1. O ponto de esporulação foi de 2,3-2,5 e o período de incubação foi de 4,8 a 5,1 dias. A variedade Skabnytsia foi a mais resistente do presente grupo. Apresenta um índice de resistência (19,6).

Tabela 5.4.

Resistência de variedades de batata ao míldio de Alternaria em termos laboratoriais.

| Nome da variedade | Valor da derrota dos ingredientes do índice | | | Índice de derrota | Grau de resistência ao míldio de Alternaria |
	diâmetro do tecido vencido, mm	ponto de esporulação n	período de incubação, dias		
Borodyanska rozheva	40	2,4	5,1	19,9	média
Skarbnytsia	44	2,3	5,0	19,6	Média
Lastivka	45	2,2	4,9	19,2	Média
Zagadka	51	2,5	4,8	20,0	Média
Svitanok Kyivskyi	41	2,1	5,2	18,0	Média
Fantasia	47	2,0	5,3	17,9	Média
Obriy	43	2,4	5,6	18,0	Média
Lugivska	22	2,3	6,2	8,6	Elevado
Slovaynka	27	2,4	5,9	9	Elevado
Yavir	30	2,3	6,1	10,1	Alta relativa
Promin	46	2,4	5,9	19,7	Média
Oxamyt-99	31	2,2	6,0	12,3	relativamente elevado
Chervona Ruta	31	2,0	6,2	9,3	Elevado

O diâmetro médio da batata madura (Svitanok Kyivskyi, Fantasy) era de 4147 mm. O ponto de esporulação situou-se no intervalo de 2,0 a 2,4. O período de incubação foi de 5,2 a 5,6 dias. A variedade de batata Fantasy 17,9 no presente grupo.

O diâmetro do tecido danificado das variedades meio-maduras situa-se entre 22-30 mm, o ponto de esporulação é de 2,3-2,4, o período de incubação é de 5,9-6,2 dias. A variedade Lugivska foi a mais resistente deste grupo, com um índice de destruição de 8,6.

A análise dos resultados da investigação permitiu confirmar que os tecidos das variedades de batata meio-madura se situavam no intervalo de 31 a 46 mm. O ponto de esporulação foi de 2,0 a 2,4 e o período de incubação foi de 5,9 a 6,2 dias. A variedade mais resistente foi a Chervona Ruta, com um índice de resistência de 9,3.

O âmbito da derrota foi o âmbito 3,8-4,8 (quadro 5,5) em variedades maduras precoces em condições de campo.

Tabela 5.5.

Resistência de variedades de batata contra o míldio de Alternaria em condições de campo (UkrSRPQS IPP NAAS)

Nome da variedade	Ponto de rutura	Grau de resistência
1	2	3
Borodyanska rozheva	4,7	baixo
Skarbnytsia	4,8	Baixa
Lastivka	4,7	Baixa
Zagadka	3,8	Baixa
Svitanok Kyivskyi	5,0	Baixa
Fantasia	5,1	Baixa
Obriy	4,9	Baixa
Lugivska	8,4	Elevado
Slovyanka	7,1	relativamente elevado
Yavir	7,7	relativamente elevado
Promin	6,6	Médio
Oxamyt-99	7,7	relativamente elevado
Chervona Ruta	7,8	relativamente elevado

A variedade mais resistente foi a Lastivka em condições de campo. Este índice foi de 4,6 a 5,1. É especialmente caraterístico da variedade Fantasy. O ponto de derrota foi de 7,1 a 8,4 para as variedades de maturação média. A síntese dos resultados permitiu considerar a variedade Lugivska como a mais resistente e a variedade derrotada variou de 6,6 a 7,8. Está disponível para a variedade Chervona ruta.

O resumo dos resultados permitiu concluir que a resistência mais baixa das variedades de batata de maturação precoce é observada em comparação com as variedades de batata de maturação tardia.

As marcas de resistência em condições de campo e de laboratório em muitos casos coincidiram, mas outras variedades apresentam outro grau de resistência (quadro 5.6).

Neste caso, é necessário utilizar marcas de resistência conjunta. Este índice determinado por ambos os métodos Este índice determinado de resistência comum e os resultados por ambos os métodos para variedades com diferentes métodos propostos no quadro 5.7.

Quadro 5.6

Variedades de batata com diferentes graus de resistência ao míldio de Alternaria (UkrSRPQS IPP NAAS)

Nome da variedade	Avaliação da resistência

	Em termos laboratoriais		Em termos de campo	
	índice de derrotas	grau de resistência	ponto de derrota	grau de resistência
1	2	3	4	5
Borodyanska rozheva	19,9	médio	4,7	Baixa
Skarbnytsia	19,6	Médio	4,8	Baixa
Lastivka	19,7	Médio	4,7	Baixa
Zagadka	20,0	Médio	3,8	Médio
Svitanok Kyivskyi	18,0	Médio	5,0	Médio
Fantasia	17,9	Médio	5,1	Médio
Obriy	18,0	Médio	4,9	Médio
Lugivska	8,6	Elevado	8,4	Elevado
Slovyanka	9	Elevado	7,1	relativamente elevado
Yavir	10,1	relativamente elevado	7,7	relativamente elevado
Promin	19,7	Médio	6,6	Médio
Oxamyt-99	12,3	relativamente elevado	7,7	relativamente elevado
Chervona ruta	9,3	Elevado	7,8	relativamente elevado

A necessidade de utilização do módulo para juntar marcas de resistência fez com que as caraterísticas de quantidade (ponto) aumentassem e para laboratório o índice de derrota diminuísse.

O parâmetro d permitiu não só determinar a resistência da batata comum ao míldio de Alternaria, como também caraterizar quantitativamente o valor da resistência à fronteira de algum grau.

Chegámos à conclusão de que a abordagem atual e a generalização dos resultados obtidos colocam em produção as variedades Lastivka, de maturação precoce, Fantasia, de maturação intermédia, Lugivska, Slovyanka, Yavir, de maturação intermédia - Oxamyt e Chervona Ruta. Apresentam uma elevada resistência.

Tabela 5.7.

Resistência das variedades de batata ao míldio de Alternaria (Estação de Quarentena Vegetal de Investigação Científica da Ucrânia NAAS, em meados de 2012-2020)

Nome da variedade	Grau de resistência		d	Grau de resistência comum
	em termos laboratoriais	em termos de campo		

			-0,15	
Borodyanska rozheva	médio	Baixa	-0,15	Baixa
Skarbnytsia	Médio	Baixa	-0,13	Baixa
Zagadka	Médio	Baixa	-0,10	Baixa
Lastivka	Médio	Baixa	-0,12	Baixa
Svitanok Kyivskyi	Médio	Médio	-0,09	Médio
Fantasia	Médio	Médio	-0,08	Médio
Obriy	Médio	Baixa	-0,09	Médio
Lugivska	Elevado	Elevado	-0,07	Relativamente alta
Slovyanka	Elevado	Relativamente alta	-0,06	relativamente elevado
Yavir	Relativamente alta	Relativamente alta	-0,06	Relativamente alta
Promin	Médio	Médio	-0,08	Médio
Oxamyt 99	relativamente elevado	relativamente elevado	-0,05	relativamente elevado
Chervona Ruta	Elevado	Relativamente alta	-0,04	Relativamente alta

5.3. Determinação da resistência de variedades de batata ao míldio de Alternaria através de espetroscopia de infravermelhos (IFR)

Sabe-se que, para obter variedades de produção de batata de alta qualidade, é necessário cumprir os requisitos agrotécnicos e o sistema integrado de proteção das plantas. Atualmente, é necessário criar e melhorar as variedades de batata de produção com resistência ao míldio de Alternaria.

Mais de 13 variedades de batata são cultivadas nas explorações agrícolas do território da região ocidental da Ucrânia. Caracterizam-se por sinais económicos e valiosos, diferenciando-se pelas boas propriedades nutritivas, boa qualidade de conservação e elevado rendimento.

Como o estudo da resistência das variedades de batata ao míldio da Alternaria não é suficiente, efectuamos a análise da resistência das variedades de batata em termos laboratoriais através da utilização de métodos físicos e bioquímicos.

A presente experiência foi realizada através do analisador de infravermelhos IFA-61, no comprimento de onda de 1510 nm (Vilkova I.A. et all., 1986).

A espetroscopia de infravermelhos permitiu determinar o grau de resistência num período de tempo mais curto, de 20 minutos, durante a realização da experiência (no método tradicional, este período prolongou-se por oito dias). O método de espetroscopia de infravermelhos permitiu determinar com exatidão o grau de resistência da batata ao míldio de Alternaria do que outros métodos, especialmente o tradicional. Este facto foi confirmado pelo desenvolvimento da patente (Melnyk A.T. et all., 2015). Plantas derrotadas pelo agente causador da doença em condições laboratoriais para determinar a resistência da batata. A análise da reação de derrota do agente patogénico da batata foi realizada após o aparecimento dos sintomas. Os segmentos de folhas de batata com diâmetro de 1 cm^2 com caraterísticas de doença são colocados na cuvete do analisador de infravermelhos IA -61, O grau de derrota (%) é determinado no comprimento de onda de 1510 nm.

Os dados recebidos foram tratados estatisticamente pelo programa de software STATISTICA v.6.0. O ensaio foi efectuado três vezes (Maslov Y.I.,1976). Os resultados dos recursos são apresentados na tabela 5.8.

Estes dados confirmam que as variedades estudadas nas mesmas e noutras medidas foram derrotadas pelo míldio de Alternaria. Variedades maduras precoces: Zagadka, Skarbnytsia. Serpanok, foram as mais susceptíveis à doença, segundo os resultados da espetroscopia de infravermelhos. O grau de derrota atingiu 52-55%. Estes índices para as variedades meio-precoces eram de 35-39% e para as variedades meio-maduras eram de 28-31%: Poliske Dzerelo, Yavir e Chervona Ruta. A sua percentagem de derrota foi de 20-24%, respetivamente. Os dados recebidos foram confirmados pelos resultados. Os dados obtidos foram obtidos através do método tradicional de determinação do grau de resistência.

Tabela 5.8.

Formas de derrotar o flagelo da Alternaria em variedades de batata (estudos laboratoriais, UkrSRPQS IPP NAAS, 2013-2015)

Nome da variedade	Grau de derrota, %.		
	grupo de maturação	modo de determinação tradicional	forma de espetroscopia de infravermelhos
Zagadka	pc	20,0	54,0±0,0033
Skarbnytsia	pc	19,6	52,0 ±0,01
Serpanok	pc	20,1	55,0 ±0,0058
Fantasia	cp	18,2	39,0 ±0,0033
Svitanok Kyivskyi	cp	18,0	37,0 ±0,0033
Obriy	cp	17,9	35,0±0,0058
Lugivska	cc	8,8	30,0±0,0033
Slovaynka	cc	9,0	31,0±0,0033
Vireneya	cc	8,6	28,0 ±0,0058
Chervona ruta	сп	10,1	24,0 ±0,0058
Yavir	сп	9,1	20,0 ±0,0033
Poliske Dzerelo	сп	9,3	22,0 ±0,0033

Nota: PC- maduro cedo, CP- maduro cedo, CC -médio maduro. СП - meio tarde

O elevado desenvolvimento da praga de Alternaria causou suscetibilidade na maioria das variedades de batata estudadas. A doença espalhou-se simultaneamente em todas as variedades, que pertencem ao grupo das variedades de maturação precoce e semi-precoce. As primeiras caraterísticas da doença apareceram alguns dias mais tarde nas variedades de maturação média e média-tardia.

CAPÍTULO 6

ALTERAÇÕES FISIOLÓGICAS E BIOQUÍMICAS EM PLANTAS DE BATATEIRA E VARIEDADES ESPECÍFICAS

As caraterísticas extremas do meio ambiente são as temperaturas altas e baixas, a seca, a derrota de pragas. Esta é uma razão para o desenvolvimento da abordagem metodológica. Estas permitem determinar a resistência geral e específica das plantas aos factores de stress. Existem muitos métodos de diagnóstico desenvolvidos para determinar a resistência das plantas aos factores de stress. Foram desenvolvidos de acordo com os métodos da biologia clássica.

6.1.Determinação da resistência de variedades de batata ao míldio de Alternaria segundo o método de condutometria

O nível de saída dos electrólitos permite conhecer o estado das membranas celulares, a sua estrutura e as suas funções. São afectadas pelo impacto dos factores de stress.

Realizámos ensaios laboratoriais com o método da condutometria para o estudo da resistência das variedades de batata (Kyray Z., 1974). O grau de derrota das variedades de batata consistiu em Skarbnytsa e Zagadka 5 pontos, Svitanok Kyivskyi-4 pontos, Fantasy e Varineya-3 pontos, Lugivska-2 pontos, e Poliske Dzerelo, Slovaynka e Chervona Ruta-1 ponto (quadro 6.1).

Tabela 6.1.

Resistência das variedades de batata ao míldio de Alternaria definida de diferentes formas

(UkrSRPQS IPP NAAS, média para 2013-2014)

Variedade de batata	Grau de resistência ao míldio de Alternaria	
	Método fitopatológico, ponto	Método de condutometria $(\mu S/cm)^2$
2	3	4
Zagadka	5	0,97 ±0,01
Skarbnytsya	5	0,96 ±0,0033
Fantasia	3	0,92±0,0058
Svitanok Kyivskyi	4	0,94±0,0088
Viryneya	3	0,91±0,0058
Lugivska	2	0,87±0,0033
Poliske Dzerelo	1	0,85±0,0033
Chervona Ruta	1	0,81±0,0058
Slovyanka	1	0,80±0,0058

O valor mais baixo da saída de electrólitos foi determinado nas seguintes variedades de batata: Slovyanka - 0,80 $\mu S/cm^2$, Chervona Ruta - 0,81 $\mu S/cm^2$,

Poliske Dzerelo -

0,85 μS/cm^2 , Lugivska - 0,85 μS/cm^2 .As variedades de batata actuais caracterizam-se por uma elevada resistência à praga de Alternaria, As restantes variedades de batata saída de electrólitos consistiram em: Vireneya - 0,91 μS/cm^2 , Fantasy - 0,92 μS/cm^2 , Svitanok Kyivskyi - 0,94 μS/cm^2 , Skartbnytsia - 0,96 μS/cm^2 , Zagadka - 0,97 μS/cm^2 .

Assim, a forma de determinar a saída de electrólitos por via condutométrica permitiu definir o grau de resistência da batata ao míldio de Alternaria.

6.2.Atividade dos fermentos e seu papel na resistência das plantas de batata ao míldio de Alternaria.

Não há dados sobre a atividade da peroxidase em plantas de batata durante a derrota do agente causador da praga de Alternaria na literatura nacional e estrangeira. Os factores mais baixos propostos foram obtidos com base em análises bioquímicas.

O grau de derrota das variedades de batata é definido pelos resultados obtidos. Skarbnytsia e Zagadka receberam 5 pontos, Svitanok Kyivskyi -4 pontos, Fantasy e Virineya - 3 pontos, Lugivska- 2 pontos, Poliske Dzerelo e Chervona Ruta- 1 ponto (quadro 6.2).

Quadro 6.2

Atividade da peroxidase em variedades de batata e sua resistência ao agente causador do míldio de Alternaria.

Variedade de batata	Ponto de resistência da planta	Quantidade de plantas derrotadas, pcs	Atividade da peroxidase, mole| min M±m
Zagadka	5	5	34,3±0,25
Skarbnytsia	5	5	24,3±0,06
Fantasia	3	5	18,7±0,46
Svitanok Kyivskyi	4	5	14,15±0,11
Viryneya	3	5	15,9±0,19
Lugivska	2	5	10,7±0,03
Poliske Dzerelo	1	0	10,1±0,15
Chervona Ruta	1	0	4,39±0,13

A atividade da peroxidase foi de 4,39 - 10,1 s/m nas variedades resistentes Poliske Dzerelo e Chervona Ruta, de acordo com os dados recebidos. A atividade fermentativa foi de 24,3 -34,3 s/m nas variedades mais susceptíveis ao stress Skarbnytsia e Fantasy.

CAPÍTULO 7

MEDIDAS DE PROTECÇÃO DA BATATA CONTRA A ALTERNARIA BLIGHT

Os meios modernos de proteção agrotécnica, biológica e química aprovados para o período 2012-2020.

Assim, as medidas agrotécnicas de proteção da batata incluíram a criação de termos, proporcionaram à agrocenose comparativa uma elevada produtividade, um controlo seguro da infeção, e também inibiram o nível de desenvolvimento da doença e aumentaram a resistência das plantas a factores bióticos.

As medidas biológicas de proteção das plantas baseiam-se no controlo dos agentes causadores de doenças através da pesquisa de antídotos naturais.

O método químico incluiu a utilização de preparações químicas para a proteção da batata contra doenças e o tratamento de plantas danificadas de acordo com o seu grau e na região pesquisada.

7.1.A influência das condições de plantação da batata no desenvolvimento da praga de Alternaria e no rendimento dos tubérculos.

A análise das fontes literárias mostra o agravamento do estado fitossanitário das culturas hortícolas, especialmente da batata. Está relacionado com a utilização de agrotécnicos, a utilização de material de plantação sem qualidade, a propagação de infecções virais graves, doenças bacterianas e fúngicas. (Amelin A.A., 1984). É importante melhorar as preparações biológicas e microbiológicas na agricultura biológica. É permitido receber o alto rendimento da cultura atual As pesquisas realizadas durante 2017-2019 através da realização de ensaios de campo. As seguintes variedades de batata foram utilizadas como objeto da experiência: madura precoce - Glasurna, meio precoce - Dubravka, meio madura - Legend, e meio tardia - Poliska rozheva. O método de tratamento para a sementeira é geralmente aprovado para a zona edafo-climática, sendo a técnica geralmente aprovada utilizada durante a realização das investigações (Barabas O.Yu..,1988).

A derrota das plantas por míldio de Alternaría consistiu em 22,0 % - 23,9 % nas variantes com plantação precoce (22-23. 04.). Foi causada pela elevada humidade do ar. Aumentou o índice médio plurianual, especialmente durante os anos de investigação. O desenvolvimento da doença foi de 20,1% a 21,1% nas variantes em comparação com os períodos tardios de plantação (10-11.05.). Isto confirma o armazenamento intensivo da infeção e a biologia do agente causador em termos comparativos óptimos de patogénese na área de investigação.

Rendimento dos tubérculos das variedades de batata em função da plantação (UkrSRPQS IPP NAAS, ensaios de campo 2017-2019)

Variante	Condições de	Evolução da	Rendimento, t/ha

	plantação	doença, %	
1	2	3	4
Nome da variedade	Glazurna		
	22 - 23. 04	23,9	3,43
	01 - 02. 05	20,5	3,40
	10 - 11. 05.	20,1	3,37
LSD0,5		0,5	0,01
	22 - 23. 04	22,0	5,20
	01 - 02. 05	19,7	5,25
	10 - 11. 05.	20,5	5,22
LSD0,5		0,3	0,01
Nome da variedade	Legenda		
	22 - 23. 04	22,7	4,10
	01 - 02. 05	17,5	4,16
	10 - 11. 05.	21,1	4,12
LSD0,5		0,1	0,01
Nome da variedade	Poliska rozheva		
	22 - 23. 04	22,4	4,18
	01 - 02. 05	21,9	4,20
	10 - 11. 05.	21,0	4,25
LSD0,5		0,1	0,03

A dependência determinada depende diretamente dos períodos de cultivo da batata no desenvolvimento da praga de Alternaria. Este índice para a variedade Glazurna consistiu em 20,123,9 % л 13,37-3,43 t/ha. Esta diminuição foi observada durante o 2º e 3º períodos de plantação. A variedade Dubravka apresentou um rendimento de 5,20-5,25 t/ha. Cresce durante o segundo período de plantação. O rendimento da variedade de batata Poliska rozheva aumentou de 4,18 para 4,25 t/ha. A possível diminuição do grau de desenvolvimento da doença e o aumento do rendimento apontaram, de acordo com os termos de plantação, de 10 para 11,05.

7.2. Utilização de medidas de proteção biológica contra o míldio da Aleternaria da batateira

O método biológico consiste na utilização de organismos viáveis ou dos seus produtos de atividade vital para a redução do seu número e a inibição de pragas, limitando os agentes causadores de doenças. N. S. Fedoynchyk (1971) considerou que a tarefa real do método biológico é a mobilização dos recursos naturais dos insectos parasitas e do número de microrganismos para a inibição da entomofauna e da microflora, que danificam as culturas agrícolas em todas as fases do seu crescimento e armazenamento.

As relações antagónicas entre os microrganismos são o método de base para a luta contra as doenças das plantas. Os microrganismos são adicionados aos meios de alimentação ou em forma de preparados concentrados no solo. Os preparados biológicos têm propriedades valiosas: seguros para o homem, a flora e a fauna, ausência de cheiros de nutrientes específicos.

Muitas bactérias e fungos foram extraídos por cientistas nacionais e estrangeiros. Estes possuem caraterísticas antagónicas em relação à microflora patogénica das plantas. As preparações de bactérias mais difundidas e utilizadas baseiam-se em: *Bacillus subtilis, Pseudomonas fluorescens, Trichoderma lignorum, Azotobacter, Enterococcus.*

O aspeto importante da possibilidade de utilização de preparações biológicas é a sua combinação com substâncias estimulantes para aumentar os índices de crescimento das plantas e a sua competitividade em relação às medidas de proteção química.

Os estudos foram efectuados durante 2015-2020 em laboratório (na base do laboratório de pragas e doenças de quarentena UkrSRPQS IPP) e em condições de campo. O objetivo dos nossos estudos foi determinar o impacto das preparações biológicas no agente causador da praga Alternaria. As preparações (normas e formas) foram utilizadas de acordo com as recomendações e a sua utilização. Os estudos foram efectuados nas variedades: precoce - Serpanok e meio madura - Chervona Ruta.

Ágar glucose peptona utilizado como matéria nutritiva. Soluções de preparações adicionadas em concentrações de 2,5 %, 5 %, 10 % após arrefecimento. Os pratos com meio nutritivo sem adição de preparações foram utilizados como controlo,

O grupo de cultura foi conduzido em termóstato a 25^0 C. A observação do crescimento e desenvolvimento das colónias de fungos foi visual, tendo a sua dimensão sido determinada de acordo com o valor médio dos diâmetros de três dimensões (Levkina L.M., 2003)/

Os resultados da investigação para a utilização de preparações biológicas testemunham o crescimento grave de agentes patogénicos durante a adição ao meio nutritivo de uma concentração de 10% das preparações Planrise e Trychodermin. Alguns índices menos elevados foram observados durante a utilização do PhytoDoctor.

O maior crescimento de micélio (dimensão da colónia consistiu em 9,3 mm) patogénico observado no controlo (sem entrada de preparação). A maior inibição de crescimento foi observada durante a variante com solução a 10% de Planrise e Trichodermin. A dimensão do micélio foi de 25,0 e 29,9 mm (quadro 7.1).

Quadro 7.1

A intensidade de crescimento do micélio *de Alternaria alternata e a sua*

na concentração de preparações biológicas.

Nome das preparações | concentrações	Quantidade de dias após a passagem/diâmetro das colónias, mm.			
	1	3	5	8
Planrise+	Diâmetro das colónias, mm			
K	9,3	50,0	72,5	83,6
2,5%	1,0	5,0	17,1	41,4
5%	0,2	3,7	10,4	39,0
10%	0	0	5,0	25,0
LSD$_{0,5}$				1,1
Tricodermina				
K	9,3	50,0	72,5	83,6
2,5%	1,7	7,6	19,2	43,0
5%	0,5	6,8	15,3	40,8
10%	0	0,2	7,6	29,9
LSD$_{0,5}$				1,2
FitoDoctor				
K	9,3	50,0	72,5	83,6
2,5%	2,5	9,0	25,4	52,0
5%	1,2	7,4	19,6	49,5
10%	1,0	5,2	16,4	36,0
LSD$_{0,5}$				0,7

A inibição do crescimento e desenvolvimento da Alternaria blight foi observada durante a utilização de Planrise, Trychodermin e Fitodoctor na passagem do patogénio proposto em meio nutritivo, sendo a maior inibição do crescimento do micélio determinada durante a utilização de Planrise e Trichodermin a 10%. O tamanho do micélio foi de 25,0 e 29,9 mm. O desenvolvimento da doença na variedade Serpanok variante consistiu em 68,4% durante a utilização da preparação Fitodoctor, e para a utilização da preparação Planrise -42,1% (no controlo 79,6%) (quadro 7.2).

A produção antes de ser armazenada e colhida é tratada com fungicidas biológicos: Planrise (*Pseudomonas fluorescens*, estirpe AP-33), Fitodoctor (*Bacillus subtilis*), MicoHelp (*Trichoderma, Bacillus subtillis, Azotobacter, Enterococcus*), Trychodermin (*Trichoderma lignorum estirpe LZ 15*)

A eficiência dos meios biológicos para o tratamento de sementes de batata após a

praga de Alternaria

(UkrSRPQS IPP NAAS, 2015-2020).

Nome do fungicida	Alternaría blight development, %

Variedade Serpanok	
Controlo (sem tratamento de sementes)	79,6
Planrise (estirpe de bactéria AP-33 *Pseudomonas fluorenscens - título* 3,0x109 CFU/ml)	42,1
Fitodoctor sporofit (culturas viáveis do género *Subtilis, tipo Bacillus subtilis, título não inferior a* 2,5 x 109CFU/ml	68,4
MicoHelp (*Trichoderma, Bacillus subtillis, Azotobacter, Enterococcus*)	50,6
Tricodermina (*Trichoderma lignorum estirpe LZ15*)	66,4
LSD0,5	1,5
Variedade Chervona Ruta	
Controlo (sem tratamento de sementes)	68,3
Estirpe de bactéria Planrise BT (B. C.) штаму AP - 33 *Pseudomonas fluorenscens* - título 3,0x109 CFU/ml	40,9
Fitodoctor sporofit (ΙΙ) Culturas viáveis do género *Subtilis, título de Subtilis não inferior a* 2,5 x 109 CFU/ml	45,6
MicoHelp (*Trichoderma, Bacillus subtillis, Azotobacter, Enterococcus*)	38,7
Triquodermina (*Trichoderma lignorum штам LZ 15*)	42,1
LSD0,5	1,2

Utilização da eficiência técnica das preparações biológicas durante o cultivo de plantas
contra o míldio de Alternaria (2017-2020).

Preparação	Matéria ativa e seu conteúdo	Taxa de consumo das preparações. l/ha	Evolução da doença,%	Eficácia técnica da preparação
Nome da variedade	Serpanok			
Controlo (pulverização de água)	-	-	89,6	-
Planrise	Estirpe de bactéria AP - 33 *Pseudomonas fluorenscens* - título $3{,}0x10^9$ CFU/ml	3,0 l/ha	58,8	30,8
Fitodoctor (sporofit)	Culturas viáveis *Bacillus subtilis título não inferior a* 5x109CFU/ml	2,0 l/ha	65,7	23,9
Mico Ajuda	Células viáveis *Trichoderma, Bacillus subtillis, Azotobacter título* 1,0x10 CFU/g	0,075 l/ha	56,2	33,4
Triquodermina	Culturas viáveis do fungo antagonista *Trichoderma lignorum estirpe LZ15* Título não inferior a 5x108CFU/ml	2,0 l/ha	62,8	26,8

LSD0,5			2,1	
Nome da variedade	Chervona Ruta			
Controlo (pulverização de água)	-	-	75,3	-
Planrise BT	Estirpe de bactéria AP - 33 *Pseudomas fluorenscens* - título $3,0x10^9$ CFU/ml	3,0 l/ha	43,2	32,1
Fitodoctor (esporófito)	Culturas viáveis *Título de Bacillus subtilis não inferior a 2,5 x* 109CFU| ml	2,0 l/ha	57,2	18,1
MicoHelp	Células viáveis *Trichoderma, Bacillus subtillis, Azotobacter, Enterococcus título* 1,0x10 CFU/g	0,075 l/ha	41,6	33,7
Triquodermina	Culturas viáveis do fungo antagonista *Trichoderma lignorum estirpe LZ 15 título não inferior a* 5x108 CFU/ml	2,0 l/ha	55,4	19,9
LSD0,5			1,2	

Nota: *LSD - diferença mínima sustentável

O material de sementes de batata da variedade Chervona ruta da Fitodoctor diminuiu

As preparações actuais foram utilizadas durante o próximo tratamento das plantas de batata. O tratamento durante o período de crescimento permitiu aumentar o estado imunitário do material vegetal no ambiente. Os ensaios foram efectuados num contexto infecioso natural.

O primeiro tratamento das plantas foi efectuado no início da floração contra a praga de Alternaria nas folhas das plantas. A segunda pulverização é efectuada durante o aparecimento das primeiras manchas nas folhas das variedades precoces de batata.

O desenvolvimento da doença no tratamento com Planrise consistiu em 58,8%, Chervona Ruta - 43,2%, durante a preparação do tratamento com Fitodoctor consistiu em 65,7% e 47,2%, respetivamente. A eficiência técnica da preparação de ambas as variedades foi de 43,- 9,1 % (quadro 7.3).

Assim, a eficácia técnica das preparações investigadas depende da variedade de ensaio. Isto permite efetuar o cálculo da média da eficiência técnica das preparações de acordo com a variedade de zona. A eficiência técnica foi bastante elevada para as seguintes preparações: MicoHelp (33,7%): Planrise (32,1%): Trichodermin (26,8 %).

7.2.1. Misturas em tanque de preparações biológicas com outros meios de utilização eficaz contra o míldio da Alternaria da batateira.

Os dados meteorológicos dos períodos de cultivo 2017-2020 caracterizaram a mudança dos períodos de seca e de chuvas, pelo que se observou a flutuação da eficiência do uso de fungicidas biológicos (tabela 7.4),

Assim, as misturas de preparações no tanque favoreceram a diminuição do desenvolvimento da doença de 88,7% para 39,8%. A eficácia foi de 55,0-68,0%. O desenvolvimento da doença diminuiu de 37,4% para 34,0%, respetivamente, durante a utilização das misturas no tanque juntamente com o ácido succínico. Este índice consistiu em 35,3% durante o tratamento com Planrise com ácido succínico, para a variante Fitodoctor com ácido succínico - 37,4% e com Trichodermin - 36,1%, com MicoHelp registado - 34,0%, com Paurin - 34,5%. Para o controlo, o valor foi de 79,5%.

O desenvolvimento da doença oscilou de 31,6 a 28,5% na variante com combinações de quelatos de Zn. Este índice tem uma média de 27,0%-24,8% na variante com o estimulador de crescimento Humat Ultra. O desenvolvimento da doença consistiu em 31,6% na variante com Planrise com adição de combinações de quelatos de Zn, variante com Fitodoctor - 30,4%, Trichodermin - 29,1%, e com MicoHelp - 28,5%, em vez de Paurin - 28,8%.

Eficiência das preparações biológicas misturas de tanques com outros meios de utilização
contra o agente causador da praga de *Alternaria, Alternaría alternata* (Keissler) (UkrSRPQS IPP NAAS, variedade Podolyanka).

Variante "Experiências	Taxa de consumo	Propagação do míldio da Alternaria, %	Evolução da doença, %	Eficiência das preparações, %
Controlo (sem tratamento)	-	88,7	79,5	-
Planrise+ácido succínico	3,0 l/ha+0,002%	55,6	35,3	55,0
FitoDoctor (sporofit)+ácido succínico	2,0 l/ha+0,002%	59,3	37,4	53,0
Tricodermina + ácido succínico	2,0 l/ha+0,002%	57,4	36,1	55,0
MicoHelp+ácido succínico	0,075 l/ha+0,002 %	54,2	34,0	57,0
Paurina+ácido succínico	10 ml/l+0,002%	54,3	34,5	56,0
Planrise+ácido succínico+combinações de quelatos Zn	3,0 l/ha+0,002%	50,2	31,6	60,0
FitoDoctor Sporophyt)+ácido succínico+combinações de quelatos Zn	2,0 l/ha+0,002%	48,9	30,4	62,0
Triquodermina + ácido succínico + combinações de quelatos Zn	2,0 l/ha+0,002%	45,8	29,1	63,0

MicoHelp+ácido succínico+combinações de quelatos Zn	0,075 l/ha+0,002 %	43,5	28,5	64,0
Combinação de paurina + ácido succínico + quelato Zn	10 ml/l+0,002%	43,9	28,8	63,0
Planrise+Humat Ultra	3,0 l/ha+60g/ha	42,0	27,0	66,0
FitoDoctor(sporophit)+Humat Ultra	2,0 l/ha+60g/ha	43,1	27,6	65,0
Trichodermin+Humat Ultra	2,0l/ha+60g/ha	41,6	26,0	67,0
MicoHelp+Humat Ultra	2,0 l/ha+60g/ha	39,8	24,8	68,0
Paurin +Humat Ultra	10 мл/л+60д/Ья	40,0	25,0	68,0
LSD0,5			0,2	-

O desenvolvimento de Alternaria blight consistiu em 27,0% na variante Planrise e Humat Ultra, 27,6% com FitoDoctor na variante com Trychodermin - 26,0%, com MicoHelp - 24,8% o valor consistiu em 24,8%, e com Paurin - 25,0%.

A eficácia técnica das combinações de preparações biológicas oscilou no intervalo 53,0-68,0%. Os índices de eficácia determinados nas combinações de preparações MicoHelp+ Humat Ultra - 68,0%.

7.3.Utilização de fungicidas contra o míldio da Alternaria da batateira.

As preparações químicas prevaleceram na luta contra o míldio da Alternaria da batata na proteção das plantas. Registaram o controlo da doença nas fases básicas de formação da produção. Foi determinado que a aplicação de medidas permitiu diminuir o desenvolvimento e a propagação nas parcelas investigadas para o controlo de doenças através da monitorização dos resultados.

É necessário seguir as medidas de segurança determinadas para cada preparação separada para a diminuição da contaminação por compostos químicos da produção vegetal. Não é permitido utilizar preparações não recomendadas no sector privado, (Bublik et all., 1999).

Os seguintes fungicidas foram os mais eficazes durante este processo, entre eles: Rydomyll Gold (metalaxyll M+Mancozeb), 25% WG (2,5 kg/ha). Emesto Quantum 273, FS (clotiadynin, 207 g/l+penflufen, 66,5 g/l), Scor 250EC (dyfekonazol, 250 g/l), Tanos 50 W.G. (penconazol, 100 g/l), Kurzat M (Zymoxanyd,45 g/kg, mancozeb, 680 g/kg). Favoreceram os índices quantitativos e qualitativos possíveis nas variantes distribuídas e nas variedades de batata, (quadro 7.6).

Os dados relativos à ação de impacto dos fungicidas foram registados. Estes dados são apresentados no quadro 7.6. A sua utilização diminuiu a derrota das plantas por Alternaria blight de um lado e aumentou a eficiência técnica e económica.

Os índices mais elevados foram registados na variante Kurzat M (cimoxamil+mancozebe). A planta tratada foi derrotada pela praga de Alternaria em menos 31% em comparação com o controlo.

É necessário registar que a utilização de um ou outro meio de proteção das plantas contra as pragas determinou índices como o rendimento, o preço de custo, o lucro e a taxa de rendimento.

Impacto da eficiência técnica das preparações químicas contra o míldio da Alternaria (variedade Lastivka, Ukr SRPQS IPP NAAS(, 2014-2016)

Variante com entrada de preparação	Propagação da doença, %	Evolução da doença, %	Eficiência técnica. %
Sem tratamento (controlo)	65,0	15,2	-
Cuproxato (etalona) (sulfato de cobre tribásico 345g/l)	55,0	5,8	61,8
Rydomyl Gold MC68 WG (640 g/kg de mancozebe:40g/kg de metalóxido -M)	29,0	3,0	80,2
Skor 250EC difenoconazol, 250 g/l)	47,0	6,5	57,2
Tanos 50 WG, (penconazol,100g/l)	23,0	3,3	78,3
Curzate M (cimoxanil, 45 g/kg. Mancozebe, 680 g/kg)	34,0	2,1	86,2
$LSD_{0,5}$	-	0,6	-

7.3.1. Eficiência económica das medidas de proteção das plantas de batata contra o míldio de Alternaria.

A eficiência económica é determinada através da mais-valia da produção com fundos adicionais, que são gastos nestas medidas e nos custos de obtenção de produtos adicionais (Polozhenets B.M. 2002),

O preço de custo é um índice importante de eficiência económica. É capaz de diminuir o preço de custo através da utilização racional e económica do material de plantação, fertilizantes, lubrificantes, otimizar os custos organizacionais, A forma de retorno da taxa de plantação de batata é o aumento do rendimento da batata e a diminuição do preço de custo de produção recebido.

É possível aumentar o nível da taxa de retorno através do método de melhoria dos métodos e formas de proteção da batata contra o míldio da Alternaria. É necessário avaliar a sua eficiência económica através do fornecimento de novas formas de proteção e da melhoria das já conhecidas. É necessário ter em conta as despesas adicionais (compra de preparações, salários, despesas de transporte) se são compensadoras. Assim, é necessário considerar estas medidas eficazes e necessárias.

A avaliação económica da preparação dos fungicidas foi realizada em duas parcelas. O mais eficaz foi o Kurzat. A variedade mais sensível, Serpanok, foi utilizada nestas duas parcelas. Uma delas foi tratada com Kurzat M em concentração. O tratamento foi efectuado de acordo com os requisitos do fabricante. A outra parcela não foi tratada. Os resultados da eficiência económica são apresentados no quadro 7.7.

Eficiência económica da utilização da preparação Kurzat M (variedade Serpanok, UkrSRPQS NAAS, 2014-2016).

Eficiência económica (em 1 ha)	Experiência da variante	
	sem preparação (controlo)	preparação tratamento
Rendimento, t	25,76	31,6
Aumento do rendimento, t	-	5,84
Preço líquido, milhares de UAH	27,23	30,07
Despesas adicionais com a utilização de fungicidas e colheita adicional, milhares. UAH.	-	2,84
Despesas de realização thous. UAH	27,58	33,81
Ajuda de custo, milhares de UAH	-	6,23
Lucro, milhares. UAH	0,60	3,13
Recuperação de despesas adicionais, ,vezes.	-	2,15
Lucro.%	2,4	10,7

O rendimento da batata aumentou de 25,76 para 31,6 t/ha durante a preparação do uso de Kurzat M, de acordo com a análise de dados. A receita análoga aumentou de 27,58 para 31,6 mil UAH/ha. O preço líquido aumentou de 27,58 para 32,81 mil UAH/ha devido à utilização de meios de proteção adicionais. O preço líquido aumentou de 27,58 para 32,81 mil UAH/ha devido à utilização de meios de proteção adicionais.

Assim, o lucro aumentou com a atual utilização de fungicidas de 0,60 para 3,13 milhares de UAH/ga. UAH/ga. O resultado foi o aumento da rentabilidade da produção. O Kurzat M é a preparação mais eficaz contra a praga de Alternaria, segundo o Instituto de Proteção de Plantas da Academia Nacional de Ciências Agrárias da Ucrânia. A rendibilidade de 2,4% atingiu 10,7%. Assim, aumentou 8,3%, com custos adicionais de recuperação no nível 2,15.

O trabalho propôs a base teórica e o desenvolvimento de novos elementos científicos para a proteção da batata, o aumento dos meios de proteção contra o míldio de Alternaria, a monitorização do melhoramento e dos agentes causadores de doenças - os fungos A.solani (Ell et Mart) e *A. Alternata* (Keissler), o aumento do rendimento das variedades em termos de floresta do sudoeste da Ucrânia. Isso permitiu chegar à seguinte conclusão:

1. Foi determinado que a biologia, o desenvolvimento da intensidade e a propagação do míldio de Alternaria dependem das condições climatéricas e das tecnologias de cultivo da batata.

2. A gradação biológica regional determinou que a intensidade da propagação e do desenvolvimento da doença era de 90,0 e 73,5%, respetivamente, na região de Chernivtsi, 61,5% e 42,4% na região de Zakarpattia, mas na região de Ivano Frankivsk abrangia 58,6%- 67,4% das plantas. Assim, o seu desenvolvimento foi de 63,5 e 37,8%, respetivamente.

3. A biologia, o grau de desenvolvimento e as áreas dos agentes causadores foram considerados nas áreas da floresta do sudoeste da Ucrânia. Foi proposto A.solani e noutras regiões de base -A.alternata.

4. Foi determinado que a temperatura óptima para o crescimento do micélio do patogénio *A. Solani era de 24-26^0* C. O índice de crescimento mais elevado para o diâmetro das colónias foi observado à temperatura de +26 °C. Os agentes casuativos inibidores do crescimento das colónias ocorrem durante o aumento da temperatura do ar.

5. Foi determinado que A.solani hiberna em conídios do solo, derrotando o míldio de Alternaria em material vegetal. A viabilidade consistiu em mais de 65% no início do período de crescimento.

6. O desenvolvimento da praga de Alternaria depende da profundidade da localização dos restos de plantas no solo. Os primeiros focos de alternaria foram determinados na superfície do solo infetado e a sua profundidade até 10 cm. A propagação da doença que se seguiu foi de 81,6 a 93,2%. Estes índices situaram-se entre 30,1 e 46,5% a uma profundidade superior a 15 cm no solo.

7. Ágar Czapek-Dox sintético favorável ao crescimento e desenvolvimento do agente causador da praga de Alternaria. O diâmetro da colónia variou entre 50-62 mm. A intensidade de formação de conídios foi de 76 mil pcs./ml. Estes índices situaram-se no intervalo de 48 a 59 mm e 69,0 mil pcs/ml, respetivamente. Observou-se menor crescimento de micélio e menor formação de esporos em meio de batata-cenoura e ágar batata-dextrose.

8. A variedade de batata meio madura Fantasy é resistente ao míldio de Alternaria de 4,6 a 5,1 pontos, a variedade meio madura Lugivska-7,1 pontos e a

variedade meio tardia Chervona Ruta.

9. O método expresso para determinar a resistência das variedades de batata ao míldio de Alternaria foi desenvolvido através de resultados de espetroscopia de infravermelhos. As variedades de maturação tardia Poliske Dzerelo, Yavir e Chervona Ruta pareceram relativamente resistentes, sendo a sua derrota de 52-55%, e este índice foi de 35-39% entre as variedades de maturação média e de 28-31% entre as variedades de maturação média.

10. A saída de eletrólito mais baixa aparece nas variedades de batata Slovyanka-0,90 $\mu S/cm^2$, Chervona Ruta-0,81 $\mu S/cm^2$, Poliske Dzerelo-0,85 $\mu S/cm^2$, Lugivska- 0,87 LiS/cm^2 através da saída de eletrólito pelo método de condutometria. Este índice situou-se entre 0,91 e 0,97 $\mu S/cm^2$.

11. A atividade da peroxidase foi de 4,39 e 10,1 mol/min. para as variedades de batata resistentes ao míldio de Alternaria, Poliske Dzerelo e Chervona Ruta. Filho, nas variedades sensíveis Skarbnytsia e Fantasy, foi de 24,3 e 34,2 mol/min/

12. A alta eficiência técnica mostrou as seguintes preparações biológicas "MicoHelp" (33,7%), "Planrise" (32,1%), "Trichodermin" (26,8%) e através da tecnologia de uso de preparação química "Kurzat M" (cymoxanil - 45g/kg, mancozeb - 680g/kg) são mais de 86,2%.

Recomenda-se a utilização de métodos expressos desenvolvidos e patenteados para a avaliação das variedades quanto à resistência ao míldio de Alternaria, determinando a atividade da peroxidase, fornecendo análises condutométricas para a determinação da saída electrolítica através da membrana de folhas; determinando formas de espetroscopia de infravermelhos e a ação imunoprotectora da preparação biológica Regoplant e Stimpo.

A forma desenvolvida para os fungos fitopatogénicos *Phoma exigua* (Desm. Var. Exigua) e *Alternaria solani* (Ell. Et Mart) é recomendada para investigação laboratorial e de campo.

É recomendado para todos os tipos de empresas agrícolas.

> cultivar variedades de batata com uma resistência relativamente elevada às doenças: Lastivka (do grupo precoce). Fantasy (variedade média), Lugivska, Slovyanka, Yavir (variedades médias). Oxamyt e Chervona Ruta (de maturação média);

> seguir as condições óptimas para a plantação de batata, seguindo os grupos de maturação da variedade e as particularidades biológicas do agente patogénico;

> para utilizar na proteção contra a praga de Alternaria preparação química Kurzat M (cimoxanil - 45g/kg. mancozebe - 680g/kg), Foi testado durante os testes e colocado no registo de pesticidas e agroquímicos autorizados para utilização na Ucrânia.

REFERÊNCIAS

1. Abramov. I.N. (1983) Bolezni kartofelya na Dalnem Vostoke. [Doenças da batata no Extremo Oriente].Habarovskoe oblastnoe izdatelstvo. P.208.

2. Amelin A.A., Sokolov O. A. (1994) Usloviya vneshney sredyi, rezhim mineralnogo pitaniya i soderzhanie nitratov v klubnyah razlichnyih sortov kartofelya [em russo: Condições do meio externo, modo de alimentação mineral e teor de nitratos em tubérculos de potarto de diferentes variedades]. Agrohimiya. №7-8 P.2126.

3. Andreeva V.A.(1988) Ferment peroksidaza, uchastie v zaschitnom mehanizme rasteniy. [Em russo- Peroxidase activity it's participation in plant protection mechanism]. M.: Nauka,P.128.

4. Anisimov B.V. (2006)Pischevaya tsennost kartofelya i ego rol v zdorovom pitanii cheloveka. (em russo - Valor nutritivo da batata e seu papel na alimentação do homem saudável) Kartofel i ovoschi. № 4. P. 9-10.

5. Arushkina S.V.(1981) Rukovodstvo po himicheskomu analizu pochv.M. Kolos P.14-21.

6. Asyakin B.P., Beshannov A.V. (1986) Ekologicheskie aspektyi zaschityi ovoschnyih kultur ot vrediteley, bolezney i sornyakov [em russo - Aspectos ecológicos da proteção das culturas de base contra pragas, doenças e ervas daninhas] Documentos VIZR P.102-110.

7. Barabash O.Yu., Hareba V. V.(1988) Izmenenie pokazateley plodorodiya pochvyi i urozhay ovoschnyih kultur pri intensivnoy tehnologii ih vyiraschivaniya. [Coleção de artigos científicos do Instituto Agrícola de Odessa. P.65-69.

8. Batalova T.S., Beglyarov G. A., Beshanov A. V., Bondarenko N. V. (1988) Sistemyi zaschityi rasteniy. [Em russo - Sistemas de proteção das plantas]L.: Agropromizdat. Leningr. otd-nie P.367.

9. Bekker Z.E.(1988) Fiziologiya i biohimiya gribov [Em russo Fungnphysiology and biochemistry] M.: Izd. MGU. P.233.

10. Berdnikov O.M., Nykytiuk Yu.A. (2004) Rol syderatsii v suchasnomu zemlerobstvi [em ucraniano Papel da sideração na agricultura moderna]. Boletim de ciências agrícolas №3 P.12-15.

11. Berton V. (1952) Kartofel [em russo Batata] Izd-vo inostrannoy lit. 1952.

12. Bilay V. I., Gvozdyak R. I., Skripal I. G.(1988) Mikroorganizmyi - vozbuditeli bolezney rasteniy. [Em russo: Microorganisms - causative agents of plants disease.]K.: Naukova dumka , P.552.

13. Bilay V.I. (1980) Osnovyi obschey mikologii [em russo Fundamentos de micologia geral] (2nd items) K. Vyscha schkola, 317-319 p.

14. BIlik M.O., Kuleshov A.V.(2006) Praktykum z fitosanitarnoho monitorynhu

i prohnozu. [Em ucraniano Trabalhos práticos de controlo fitossanitário e prognóstico] Kharkiv: Vyd-vo P.97

15. Bohdanov O.I.(1982) Deiaki zakhody znyzhennia shkidlyvosti makrosporiozu kartopli.[Em ucraniano Algumas medidas para a diminuição da macrosporiose da batata].Kartoplyarstvo, Issue 13. P.85-87.

16. Bohdanov O.I., Bilko L.P. (1984) Zakhyst kartopli vid khvorob i shkidnykiv.[Em ucraniano Proteção da batata contra doenças e pragas] K. Urozhay.P.44.

17. Boiko M.Y.(1982) Makrosporioz kartofelya i tomatov i meryi borbyi s nim.[Em russo Potato and tomato macrospoios and protection measures from it] Dostizhenie nauki s.-h. proizvodstvu. Ovoschevodstvo i kartofelevodstvo. LenIngrad,P. 14-18.

18. Bolotskih A. S. (1988) Intensivnaya tehnologiya, osnova polucheniya vyisokih urozhaev [Em russo, a tecnologia intensiva é a base para a obtenção de rendimentos elevados] Kartofel i ovoschi. № 5. P. 22-25.

19. Bolotskih A. S. (1988) Intensivnaya tehnologiya, osnova polucheniya vyisokih urozhaev [Em russo, a tecnologia intensiva é a base para a obtenção de rendimentos elevados] Kartofel i ovoschi. № 5. P. 22-25.

20. Bomok S.K., Taktaiev B.A., Pikovskyi M.I., Marieva O.M.(2020) Biokhimichni zminy v urazhenykh bulbakh kartopli.[In Ukrainian-Biochemical changes in defeated potato tubers]. Zahist I karantyn roslyn № 1. P. 9-11.

21. Bondarenko M.V. (1976) Biologicheskaya zaschita rasteniy [Em russo - Proteção biológica das plantas] L., P.256

22. Bondarenko G.L. (1986) Industrialni tekhnolohii vyrobnytstva ovochiv. [Tecnologias industriais para a produção de vegetais em ucraniano] K.: Urozhay,

23. Bondarchuk A.A.(2007) Vyrodzhennia kartopli ta pryiomy borotby z nym [Em ucraniano - Degeneração e proteção da batata - formas de proteção] Bila Tserkva, P.104.

24. Bondarchuk A.A.(2010) Naukovi osnovy nasinnytstva kartopli v Ukraini [Em ucraniano - Bases científicas para as sementes de batata na Ucrânia] Bila Tserkva, P.400.

25. Bondarchuk A.A., Molotskoho M.Ia., Kutsenko V. S. (2007) Kartoplia [em ucraniano - Batata], Bila Tserkva. V.3 P.356.

26. Bordukova M. V. (1971) O porazhenii klubney kartofelya alternariozom [Em russo - Sobre a derrota do míldio de Alternaria dos tubérculos de batata]. Zaschita rasteniy. №2 P.47-48.

27. Bordukova M. V.(1987) Opredelitel bolezney i vrediteley kartofelya i meryi borbyi s nimi. . M.,P.335.

28. Boyarkin A. N. (1951) Byistryiy metod opredeleniya aktivnosti peroksidazyi [em russo - método rápido para determinar a atividade da peroxidase] Biohimiya No.16.4 P.352.

29. Brovko G.A., Brovko S.P.(2007) Biometod poluchaet priznanie.[Em russo Biomethod recebeu reconhecimento.] Zaschita i karantin rasteniy. №11. P.32

30. Bublyk L.I., Vasechko H.I. , Vasyliev V.P., Lisovyi M.P.(1999) Dovidnyk iz zakhystu roslyn.[Em ucraniano - Um guia para a proteção das plantas] K.: Urozhai.P.744.

31. Bukasov S. M.(1947) Kartofel na Urale. [Em russo - Batata nos Urais].

32. Byihovets S.L. (1988) Kak vyirastit zdorovyiy kartofel. IOOO "Zolotoy uley".P.64.

33. Van der Planck J. E. (1966) Bolezni rasteniy (epifitotii i borba s nimi). per. s angl.[Em russo - Doenças das plantas (epifitotii e luta contra elas. tradução do inglês]. M.: Kolos.P.360

34. Velikanov L.Ya., Sidorova I.I.(1988) Ekologicheskie osnovyi biologicheskoy zaschityi rasteniy ot bolezney. Itogi nauki i tehniki [Em russo - Fundamentos ecológicos da proteção biológica das plantas contra as doenças - Resumos da ciência e das técnicas]. Zaschita rasteniy. V.6 P.65.

35. Vidner Y., Dobiash K.(1986) Vliyanie sorta, mesta vyiraschivaniya i goda na stolovoe kachestvo i vkus kartofelya. Em russo - Impacto da variedade do local de cultivo e do ano na qualidade da mesa e no sabor da batata]. Nauch. tr. nauch.-issled.i selekts. in-t. - Gavlichkov Brod,V.10. P.59-70

36. Vilkova I.A., Shapiro I.D., Borschova T.A.(1986) Ispolzovanie infrakrasnoy spektroskopii dlya dIagnostiki povrezhdeniya i ustoychivosti zernovok k klopam.[Em russo - A utilização da espetroscopia de infravermelhos para o diagnóstico de danos e a resistência da cariopse aos insectos verdadeiros]. Metodyi issledovaniy patologicheskih izmeneniy rasteniy. M.:Kolos.P.216-219.

37. Vitenko V.A., Vlasenko M.Iu., Kutsenko V.S.(1988) Kartoplia [Em ucraniano - Batata], P.235.

38. Vlasyuk P.A., Vlasenko N.E., Mitsko V. N.(1979) Himicheskiy sostav kartofelya i puti uluchsheniya ego kachestva. [Conteúdo químico da batata em russo e formas de aumentar a sua qualidade]. K.; Nauk. dumka.P.195.

39. Volovik A.S., Glyoz V.M., Zamotaev A.I.(1989) Zaschita kartofelya ot bolezney, vrediteley i sornyakov.[Em russo - Proteção da batata contra doenças, pragas e ervas daninhas] M.; Agropromizdat.P.122

40. Gannibal F.B.(2007) Vidovoy sostav, taksonomiya i nomenklatura vozbuditeley alternarioza listev kartofelya. [Em russo - Composição das espécies, taxonomia e nomenclatura dos agentes causadores do míldio de Alternaria nas folhas da batateira]. Laboratoriya mikologii i fitopatologii im.

A. A. Yachevskogo VIZR. Istoriya i sovremennost.SPb, VIZR P.142-148.

41. Gannibal F. B.(2011) Monitoring alternariozov selskohozyaystvennyih kultur i identifikatsiya gribov roda Alternaria.[Em russo- Alternaria blight agricultural crops monitoring and fungi species *Alternaria* identifying.] Metodicheskoe posobie. SPb. GNU VIZR Rosselhozakademii P.70.

42. Golyishin N.M(1983) Fungitsidyi [em russo - Fungicidas] Zaschita rasteniy. № 11. P. 49-54.

43. Hryha V.A., Matviiets O.H., Isak D.I., Kozyk V.M.(1995) Grunty hirskoi zony Zakarpattia ta yikh ahrokhimichna kharakterystyka. [Em ucraniano - Solos das zonas montanhosas de Zakarpattia e suas caraterísticas agroquímicas]. Problemy ahropromyslovoho kompleksu Karpat: mizhvid. temat. nauk. zb. № 4. P. 39-53.

44. Hryhoriuk I.P., Voitseshyna N.I., Tarasenko O.O., Mytsko V.M. (2001) Stiikist sortiv kartopli proty hrybnykh zakhvoriuvan zalezhno vid pohodnykh umov [Em ucraniano - resistência das variedades de batata contra doenças fúngicas em função das condições climatéricas]. Zakhyst roslyn. P. 14.

45. Hryshchenko I. M. (1991) Kartopliarstvo v umovakh rynku. [Em ucraniano - A cultura da batata em termos de mercado]. K.: Vyd-vo USHA,P.75.

46. Grudzev G.S.(1987) Himicheskaya zaschita rasteniy [Em russo - Proteção química das plantas]. M.: Agropromizdat, № 3. P. 415.

47. Demydiv O. A., Havryliuk M. M., Bondarchuk A. A.(2010) Promyslova tekhnolohiia vyrobnytstva kartopli v Ukraini [Em ucraniano - tecnologia industrial da produção de batata na Ucrânia] K.: KYT, P.104.

48. Dobrozrakova T.L., Khokhriakova M. K.(1969) Silskohospodarska fitopatolohiia [Fitopatologia agrícola] K.: Urozhai.P. 336.

49. Dorozhkin N.A., Remneva Z.I., Ivanyuk V.G.(1973) Vozbuditeli ranney suhoy pyatnistosti kartofelya i ih Spetsializatsiya na drugih vidah sem. Solanaceae [Em russo - Agentes causadores da mancha seca precoce da batata e sua especialização noutros tipos de sementes Solanaceae]. Botanika. P. 160-167.

50. Dospehov B. A.(1979) Metodika polevogo opyita: (s osnovami statisticheskoy obrabotki rezultatov issledovaniy) [Em russo-Técnica de ensaio de campo: com fundamentos de tratamento estatístico de pesquisas]. M.: Kolos,P.416.

51. Drozda V.F. (1990) Biologicheskie osnovyi integrirovannoy sistemyi zaschityi ovoschnyih kultur ot bolezney [em russo - Fundamentos biológicos da proteção integrada das culturas hortícolas]. Met. rekom.P.87.

52. Dyakov Yu.T. (1998) Populyatsionnaya biologiya fitopatogennyih gribov.[Em russo-Biologia populacional de fungos fitopatogénicos]. M.: ID

"Muravey",P.384.

53. Ermakov A.I.(1987) Metodyi biohimicheskogo issledovaniya rasteniya. L.: Agropromizdat,P.430.

54. Zelia A.H., Hunchak V. M., Sukhareva R. D., Solomiichuk M. P., Zelia H. V., Kordulian R. O., Ckoreiko A. M., Melnyk A. T. (Havryliuk A. T.), Andriichuk T. O., Borzykh O. I., Kordulian Yu. V., Makar T. Y., Nikoriuk M. H., Hunchak M. V., Filimonova A. H., Lisnychyi V. B., Krym I. V., Bilyk R. M., Kuvshynov O. Ya, Kochmarovska U. S.(2020) Patent na korysnu model № 143452 vid 27.07.2020 r. Sposib lokalizatsii vohnyshch karantynnykh orhanizmiv.[Way for localization of quarantine pests.] Promyslova vlasnist. Biul. № 14.

55. Ivanyuk V. G.(1978) Gifomitsetyi - vozbuditeli pyatnistostey paslYonovyih kultur (osobennosti patogeneza i sposobyi podavleniya paraziticheskoy aktivnosti):[em russo-Hyphomycetes-casuative agents of spot Solanacae crops(pathogenesis peculiarity and the ways for inhibiting parasitic activity); dis. doktora biol. nauk Ivanyuk Vitaliy Grigorievich. Minsk.P.255.

56. Ivanyuk V. G., Busko I. I., Zhuromskiy G.K., et all.(2000) Fitopatologicheskaya situatsiya na kartofele v Belarusii i puti ee uluchsheniya [Em russo - A situação fitopatológica da batata na Bielorrússia e a forma como está a aumentar]. Kartofelevodstvo. №10. P. 163-171.

57. Ivanyuk V. G.(1983) K voprosu ob ustoychivosti paslenovyih kultur k makrosporiozu, indutsirovannoy biologicheski aktivnyimi veschestvami.[Em russo - Para questionar sobre as culturas de Solanacea à macrosporiose, causada por matérias biologicamente activas]. Selskohozyaystvennaya biologiya. №8. P. 58-62.

58. Ivanyuk V.G., Banadyisev S. A., Zhuromskiy G.K.(2003) Zaschita kartofelya ot bolezney, vrediteley i sornyakov.[Em russo - Proteção da batata contra doenças, pragas e ervas daninhas] Minsk. RUP "Belorusskiy NII kartofelevodstva",P.550.

59. Ivanyuk V.G., Brukshi D. A. (1997) Ekologicheskie printsipyi optimizatsii zaschityi kartofelya ot fitoftoroza i alternarioza. Aktualnyie problemyi sovremennogo kartofelevodstva. [Princípios ecológicos da proteção da batata contra o míldio tardio e o míldio precoce, problema atual do estudo moderno da batata]. Minsk: Bel. NIIK,P.134.

60. Ivanyuk V.G., Demidko Ya.D.(1988) Ustoychivost dikih i primitivnyih kulturnyih vidov kartofelya k ranney suhoy pyatnistosti. Problemyi i puti povyisheniya ustoychivosti rasteniy k boleznyam i ekstremalnyim usloviyam sredyi v svyazi s zadachami selektsii.[Em russo-A resistência de espécies selvagens e primitivas de batata à mancha seca precoce.Problemas e formas de

aumento da resistência das plantas a doenças e termos extremos do meio com tarefas de melhoramento]. L.: VIR, P.60.

61. Ivanyuk V.G., Remneva Z. I.(1968) Vnutrividovaya neodnorodnost Macrosporium solani Ell et Mart. - vozbuditel ranney pyatnistosti kartofelya. [Em russo - Macrosporium solani Ell et Mart. - agente causador da mancha precoce da batata]. Mikologiya i fitopatologiya, №3. P. 202-209.

62. Kadyirov X.(1963) Vliyanie makrosporioza kartofelya na himicheskiy sostav botvyi i klubney: Trudyi Tashkentskogo SHI [Em russo - Impacto da macrosporiose da batata no conteúdo químico da parte superior e dos tubérculos. Documentos do Instituto Agrícola de Tashkent]. Número 15, p.289-290.

63. Kazitsyina L.A., Kupletskaya N. B.(1971) Primenenie UF - , IK - i YaMR - spektroskopii v organicheskoy himii.[Em russo - Uso de espetroscopia UV-, IR-, NMR- em química orgânica.]M.: Vyisshaya shkola P.240.

64. Kalach V.I.(2002) Toksichnost fitofungitsidov i biopreparatov po otnosheniyu k vozbuditelyu alternarioza. [Toxicidade de fitofungicidas e preparações biológicas para o agente causador da praga de Alternaria]. Aktualne problemyi sovremennogo kartofelevodstva№ 1. P.38-42.

65. Catálogo de melhoramento da batata Instituto para o estudo da batata e a sua estação experimental polaca com o nome de O.M. Zasuchin Instituto NAAS para o estudo da batata. 2006.

66. Kvasnyuk N.Ya., Kozlovskiy B.E.(1985) Alternarioz kartofelya.[Em russo-Potato Alternaria blight.] Zaschita rasteniy. P.27-28.

67. Kiray Z., Klement Z., Shoymoshi F., Veresh Y.(1974) Metodyi fitopatologii [em russo - métodos fitopatológicos] M.: Kolos, P.344.

68. Kirik N.N., Pikovskiy M.I., Azaiki S.(2016) Bolezni ovoschnyih kultur i kartofelya: monografiya. [Em russo- Doenças das culturas hortícolas e da batata: monografia] K.: TsP KOMPRINT, P. 434

69. Kozhanchikov I.V.(1985) Tehnika regulyatsii i izmereniya vlazhnosti v usloviyah laboratornogo eksperimenta. [Em russo - Técnicas de regulação e medição em termos de experiências laboratoriais]. Zaschita rasteniy. № 3.

70. Kozlovskiy B.E., Filipov A. V. (2007) Alternarioz na kartofele stanovitsya bolem vredonosnyim [em russo - o míldio da Alternaria da batata tornou-se mais perigoso] Zaschita i karantin rasteniy. № 5. P. 12-13.

71. Kokin A. Ya.(1948) Fiziologicheskie i anatomicheskie issledovaniya bolnogo rasteniya. [Em russo - Estudos fisiológicos e anatómicos de plantas doentes] Gosizdat Karelo-Finskoy SSR.P.212.

72. Kononuchenko V.V.(2002) Metodychni rekomendatsii shchodo provedennia doslidzhen z kartopleiu.[Em ucraniano - Recomendações metodológicas para a investigação da batata,] Nemishaievc, P.183.

73. Kononuchenko V.V., Molotskyi M.Ia.(2002) Kartoplia [em ucraniano - batata] V.1, P.356.

74. Kononuchenko V.V., Overchuk P.V., Storozhuk V.A.(2000) Stan ta osnovni napriamy rozvytku kartopliarstva Ukrainy v suchasnykh sotsialno-ekonomichnykh umovakh [Em ucraniano - Estado e perspetiva do desenvolvimento do estudo da batata de base na Ucrânia em termos socioeconómicos modernos]. Kartopliarstvo: mizhvidom. tem. nauk, zb. Edição. 30. 11-19p.

75. Kononuchenko V.V., Storozhuk V.A(2002) Ринок карто∏Λi в Украшп стан та προ6ΛeMu.[Em ucraniano - Mercado da batata na Ucrânia: estado e problemas] Kartopliarstvo: mizhvidom. tem. nauk, zb. Issue. 31. P. 3-15.

76. Korolyuk M.A., Tokarev V.M., Mayorova I.G.(1988) Opredelenie aktivnosti katalazyi.[Em russo- Determinação da atividade catalítica] Lab. delo. № 1. p. 16-18.

77. Kranits Yu.et all. (1979) Epifitotii bolezney rasteniy (matematicheskiy analiz i modelirovanie) [Em russo-Epifitotii de doenças das plantas (análise matemática e estimulação.]M: Kolos, 208 p.

78. Kudryasheva Z. N.(1988) Mikologiya s osnovami fitopatologii.[Em russo - Micologia com base em fitopatologia] Vyissh. shk., 326p.

79. Kutsenko V.S., Molotskyi M.Ia., Kononuchenko V.V.(2003) Kartoplia. Khvoroby i shkidnyky [em ucraniano - Batata. Doenças e agentes causais] Kyiv, V.2, 240 p,

80. Kuchko A.A., Mytsko V. M.(1997) Fiziolohichni osnovy formuvannia vrozhaiu i yakosti kartopli [Em ucraniano - Fundamentos fisiológicos da formação do rendimento e da qualidade da batata]. Dovira, 142p.

81. Levkina L.M.(2003) Rod Alternaría Nees. Novoe v sistematike i nomenklature gribov. [Em russo - género Alternaria Nees. Novo em sistemática e nomenclatura de fungos]. Natsionalnaya akademiya mikologii; Mikologiya dlya
vsehP.276-303.

82. Levkina L.M. (1984) Taksonomiya roda Alternaria.[Em russo-Taxonomia do género *Alternaría*.] Mikologiya i fitopatologiya.V.18, № 1. P. 80-85.

83. Lisker I.S.(1987) Fizicheskie metodyi issledovaniya v agromonitoringe[Em russo-Métodos físicos em agromonitorização] P.3-21.

84. Lipinskyi V. M.(2003) Klimat Ukrainy [Em ucraniano - Clima da Ucrânia], K. Vyd-vo Rievskoho, 343 p.

85. Lisovyi M.P. (2000) Stan ta perspektyvy selektsii na stiikist, shchodo zbudnykiv osnovnykh khvorob roslyn v Ukraini [Em ucraniano - O estado e as perspectivas da seleção dos agentes causadores das principais doenças das

plantas na Ucrânia]. Visnyk ahrarnoi nauky. № 12. P. 70-72.

86. *Lukaniuk M.M., Melnyk A. T. (Havryliuk A. T.), Kyryk M. M.(2015)* Альтернарюз карто∏Λі та його розвиток на сортах з рi3HUM періогоM дозрпвання.Цп Ukrainian- Potato Alternaria blight and it's development on varieities with different period of ripening]. Dosyagnennya I perspektivi v zahistI roslin vId hvorob: VseukraYinska studentska naukova konferentsIya, m. Kyiv,. P. 43-44.

87. Maslov Yu. I.(1988) Statisticheskaya obrabotka dannyih biohimicheskih issledovaniy. Metodyi biohimicheskogo analiza rasteniy. [Em russo - Tratamento estatístico das investigações bioquímicas. Métodos de análise bioquímica de plantas]. L., 163-178.

88. . Melnik A.T. (Gavrilyuk A. T.), Kirik N. N.(2020) Vliyanie biofungitsidov na razvitie vozbuditeley alternarioza kartofelya. Zaschita rasteniy: dostizheniya i perspektivyi[Em russo - Impactos dos biofungicidas no desenvolvimento do agente causador do míldio da Alternaria da batata]: Mizhnarodnyi naukovyi sympozium, m. Kyshyniv, Respublika Moldova, 27-28 zhovtnia 2020 roku: tezy dopovidi. Kyshyniv,, P.104

89. Melnyk A.T. (Havryliuk A. T.), Kyryk M. M., Hunchak V. M., Borzykh O. I., Zelia A. H., Nikoriuk M. H., Solomiichuk M. P., Kushnir O. V., Toma Z.H., Patent na korysnu model № 97683 vid 25.03.2015 r. Sposib vyznachennia stiikosti kartopli do zbudnyka alternariozu rodu Alternaria (Nees) analizom peroksydazy.[em ucraniano-O caminho para determinar a resistência da batata ao género Alternaria] Promyslova vlasnist. Biul. № 6.

90. *Melnyk A.T. (Havryliuk A. T.), Kyryk M. M.(2015)* Vyznachennia stiikosti sortiv kartopli do alternariozu rodu Alternaria (Nees) metodom konduktometrii[Em ucraniano - Resistência das variedades de batata ao míldio de Alternaria *Alternaria* (Nees) através do método de condutometria]. Biotekhnolohiia: zvershennia ta nadii: IV Vseukrainska naukovo-praktychna konferentsiia studentiv, aspirantiv ta molodykh vchenykh, m. Kyiv, 21-22 travnia 2015 roku: tezy dopovidi. K., P. 18-119.

91. Melnyk A.T. (Havryliuk A. T.) (2017) Ekstrakon - Universal - ekolohichna tekhnolohiia zakhystu roslyn kartopli vid alternariozu.[Em ucraniano - Екстракон - Universal é a tecnologia ecológica de proteção das plantas de batata contra o míldio da Alternaria] Mizhnarodna naukovo-praktychna konferentsiia, prysviachena 85- richchiu fakultetu zakhystu roslyn (1932-2017 r.) Kharkivskoho natsionalnoho ahrarnoho universytetu imeni V. V. Dokuchaieva, m. Kharkiv14-15 setembro 2017 Ch, P. 73-74

92. Melnyk A. T. (Havryliuk A. T.), Andriichuk T. O., Shevaha H. M., Kyryk M. M.(2013) Vplyv meteofaktoriv na rozvytok alternariozu u Lisostcpovii zoni

Ukrainy.[Em ucraniano - Impacto dos factores meteorológicos no desenvolvimento da praga da Alternaria na zona das estepes florestais da Ucrânia]. Zakhyst i karantyn roslyn.№ 59. P. 196-202.

93. Melnyk A. T. (Havryliuk A. T.), Hunchak V. M., Kyryk M. M.(2015) Vykorystannia pokaznykiv vidnosnoho vytoku elektrolitiv dlia vyznachennia stiikosti sortiv kartopli do alternariozu.[Em ucraniano - A utilização de índices para a saída de electrólitos para determinar a resistência de variedades de batata à praga da Alternaria]. Naukovi dopovidi Natsionalnoho universytetu bioresursiv i pryrodokorystuvannia Ukrainy. 2015. № 5 (54). URL: http://www.journals.nubip.edu.ua/index.php/Dopovid

94. Melnyk A. T. (Havryliuk A. T.), Hunchak V. M., Kyryk M. M., Panimarchuk O. V. (2014) Zmina aktyvnosti peroksydazy u bulbakh kartopli, infikovanykh zbudnykamy alternariozu.[Change of peroxidase activity in tubers potato, infected by Alternaria blight] Kartopliarstvo.

95. *Melnyk A. T. (Havryliuk A. T.), Kyryk M. M. (2015)* Vplyv Planryzu na rozvytok zbudnykiv alternariozu kartopli.[In Ukrainian-Planrise impact on development potato Alternaria blight causative agent,] iEkolohizatsiia i biolohizatsiia pryrodokorystuvannia v konteksti zbalansovanoho rozvytku: Mizhnarodna naukova konferentsiia molodykh vchenykh, m. Odesa, 29 veresnia - 1 zhovtnia 2015 roku: tezy dopovidi. Odesa, P. 43-44.

96. Melnyk A. T. (Havryliuk A. T.), Kyryk M. M., Hunchak V. M.(2017) Rist kolonii Alternaria solani (Ell et Mart.) na riznykh zhyvylnykh seredovyshchakh za riznykh temperatur.[Em ucraniano - crescimento de colónias de Alternaria solani (Ell et Mart.) em diferentes meios nutritivos a diferentes temperaturas]. Karantyn i zakhyst roslyn. № 1-3. P. 23-24.

97. Melnyk A. T. (Havryliuk A. T.).(2014) Vidbir sortiv kartopli iz hospodarsko- tsinnymy oznakamy stiikykh proty alternariozu.[Em ucraniano - Escolha de variedades de batata com características económicas resistentes ao míldio da Alternaria]. Zakhyst i karantyn roslyn. № 60. P. 220-225.

98. Melnyk A.T. (Havryliuk A. T.), Zelia A. H.(2018) Patent na korysnu model № 130404 vid 10.12.2018 r. Sposib zberihannia kultur fitopatohennykh hrybiv kartopli - Phoma exigua (Desm. Var. Exigua), Alternaria solani (Ell et Mart).[Em ucraniano - Modo de armazenamento de culturas de fungos fitopatogénicos da batata] Promyslova vlasnist. Biul. № 23.

99. *Melnyk A.T. (Havryliuk A. T.), Kyryk M. M.(2015) Vyznachennia stiikosti sortiv kartopli do alternariozu Alternaria Nees metodom IChS.[Em ucraniano - Determinação da resistência da batata ao míldio da Alternaria Alternaria Nees através da técnica do vermelho Indra]. Intehrovanyi zakhyst ta karantyn roslyn: Perspektyvy rozvytku v KhKhI stolitti: Mizhnarodna naukova konferentsiia*

vchenykh, aspirantiv i studentiv, m. Kyiv, 19-20 lystopada 2015 roku: tezy dopovidi. K.,. P. 43-44.

100. Melnyk A.T. (Havryliuk A. T.), Kyryk M. M., Hunchak V. M., Borzykh O. I., Zelia A. H., Nikoriuk M. H., Solomiichuk M. P., Toma Z. H.(2015) Patent na korysnu model № 97975 vid 10.04.2015 r. Sposib vyznachennia stiikosti kartopli do zbudnyka alternariozu rodu Alternaria (Nees)[Em ucraniano - Forma de determinar a resistência da batata ao agente causador do míldio da Alternaria (Nees)].

101. Melnyk A.T. (Havryliuk A. T.), Kyryk M. M., Hunchak V. M., Zelia A. H.(2016) Infrachervona spektroskopiia yak ekspres-metod vyznachennia stiikosti sortiv kartopli do alternariozu.[Em ucraniano, a espetroscopia de infravermelhos como método expresso para a determinação da resistência das variedades de batata ao míldio de Alternaria]. Karantyn i zakhyst roslyn. № 11-12. P. 12-14.

102. Melnyk A.T. (Havryliuk A. T.), Kyryk M. M., Hunchak V. M., Zelia A. H., Nikoriuk M. H., Skoreiko A. M., Kuvshynov O. Ya., Solomiichuk M. P., Kochmarovska U. S., Ponomarenko S. P. (2018) Patent na korysnu model № 126208 vid 11.06.2018 r. Sposib vyznachennia imunoprotektornoi dii biolohichnoho preparatu Rehoplant proty alternariozu kartopli. Promyslova vlasnist. Biul. № 11.

103. Melnyk A.T. (Havryliuk A. T.), Kyryk M. M., Hunchak V. M., Zelia A. H., Nikoriuk M. H., Andriichuk T. O., Kuvshynov O. Ya., Ilynchuk M. V., Nemchenko A. O., Ponomarenko S. P., Makar T. Y. Patent na korysnu model № 126792 vid 10.07.2018. Sposib vyznachennia imunoprotektornoi dii biolohichnoho preparatu Stympo proty alternariozu kartopli.[Em ucraniano - Modo de determinar a ação imunoprotectora contra a preparação biológica Stympo contra o míldio da Alternaria da batata]. Promyslova vlasnist. Biul. № 13.

104. *Melnyk A.T. (Havryliuk A. T.), Kyryk M. M., Hunchak V. M., Zelia H. V.(2013) Doslidzhennia radiusu rozpovsiudzhennia ta umov poshyrennia spor Alternaria solani (Ell et Mart) ta Alternaria alternata (Keissler) v umovakh pivdenno- zakhidnoho Lisostepu.[Em ucraniano-estudo do raio de propagação e termos de esporos Alternaria solani (Ell et Mart) ta Alternaria alternata (Keissler) espalhados em termos de Estepe Florestal Sul-Ocidental]. . Molod ta postup biolohii: VIII Mizhnarodna naukova konferentsiia, m. Lviv, 16-19 kvitnia 2013 roku: tezy dopovidi. Lviv, 2013. P. 325-326.*

105. Melnyk A.T. (Havryliuk A. T.), Kyryk M. M., Hunchak V. M., Shevaha H. M., Kordulian R. O. (2013) Metody doslidzhennia alternariozu kartopli u laboratornykh umovakh ta zakhody zapobihannia yoho rozvytku. [Em ucraniano

- Métodos de investigação do míldio da Alternaria da batata em termos laboratoriais,] Fitosanitarna bezpeka i kontrol silskohospodarskoi produktsii: Mizhnarodna naukovo-praktychna konferentsiia, s. Boiany, 16-19 kvitnia 2013 roku: tezy dopovidi. Boiany, P. 177-181.

106. Melnyk A.T. (Havryliuk A. T.), Kyryk M. M., Zelia A. H., Hunchak V. M., Toma Z. H., Zelia H. V., Kordulian R. O., Hunchak M. V., Solomiichuk M. P., Shevaha H. M., Borzykh O. I., L. L. Havryliuk, Bondarchuk A. A., Oliinyk T. M., Furdyha M. M., Taktaiev B. A. (2015) Sposib vyznachennia stiikosti kartopli do Alternaria solani (Ell. et Mart) ta Alternaria alternata (Keissler) [Em ucraniano - Modo de determinação da resistência da batata a Alternaria solani (Ell. et Mart) e Alternaria alternata (Keissler)]. Promyslova vlasnist. Biul. № 15.

107. Metodicheskie ukazaniya po kratkosrochnomu prognozu, opredeleniyu poter urozhaya i mer zaschityi kartofelya ot fitroftoroza i alternarioza. [Em russo - Declarações metodológicas sobre a prognose a curto prazo, determinação das perdas de rendimento e formas de proteção da batata contra o míldio e a alternariose]. M.: Agropromizdat, 18 p,

108. Molotskyi M.Ia., Vasylkivskyi S. P., Kniaziuk V. I., Vlasenko V. A.(2006) Selektsiia i nasinnytstvo silskohospodarskykh roslyn [Em ucraniano - Criação e sementeira de culturas agrícolas] K. Vyshcha shkola, 463 p.

109. Myuller E., Lyoffler V.(1995) Mikologiya[Em russo - Micologia] M.: Mir, P. 158-179.

110. Nadkernychnyi S.(2006) Biolohichnyi zakhyst roslyn [Proteção biológica das plantas] Propozytsiia. № 10. P. 72.

111. . Novotelnova N.S., Pyistina K. A., Golubeva O. V.(1979) Peronosporovyie gribyi - patogenyi kulturnyih rasteniy v SSSR.[Em russo- Peronosporales fungi- pathogen of crop plants in USSR.] Spravochnik po diagnostike i metodam issledovaniya. L.: Nauka, 151 p.

112. Omeliuta V.P., Hryhorovych I. V., Chaban V. S.(1986) Oblik shkidnykiv i khvorob silskohospodarskykh kultur [Em ucraniano - Lista de pragas e doenças das culturas agrícolas]. K.: Urozhai, 296 p.

113. Oryinbaev S.O., Geshtovt N.Yu. (1985) Mikrobiometod na ovoschnyih kulturah [Em russo - Método microbiológico em culturas hortícolas] Zaschita rasteniy. № 8. P. 22.

114. Perelik pestytsydiv i ahrokhimikativ, dozvolenykh do vykorystannia v Ukraini [em ucraniano - Lista de pesticidas e agroquímicos autorizados para utilização na Ucrânia]. K., 2006. P. 311.

115. Peresypkyn V.F. (1989) Selskohozyaystvennaya fitopatologiya. K.: Urozhay, 248 p.

116. Peresyipkin V.F., Kirik N.N., Pozhar Z.A.(1990) Bolezni

Selskohozyaystvennyih kultur [Em russo - Doenças das culturas agrícolas]. K.: Urozhay, V. 2. 246 p.

117. Pikovskiy M., Kirik N.(2006) Alternarioz kartofelya i meropriyatiya, ogranichivayuschie vredonosnost bolezni.[Em russo - Flagelo da Alternaria da batata e medidas para limitar os danos da doença]. Ovoschevodstvo. №10. P. 57-59.

118. Pisarev B.A.(1990) Sortovaya agrotehnika kartofelya [em russo - variedade agrotécnica da batata] M.: Agropromizdat. . 208 p.

119. Pleshkov V.P. (1978) Metodyi biohimicheskogo analiza rasteniy [Em russo - Métodos de análise bioquímica de plantas] M.: Kolos.326 p.

120. Polozhenets V.M.(1997) Kompleksna otsinka sortiv i hibrydiv kartopli na stiikist proty khvorob.[Em ucraniano - Avaliação complexa de variedades e híbridos de batata em].

121. Polozhenets V.M., Markov I.L., Melnyk P.O.(1994) Khvoroby i shkidnyky kartopli [Em ucraniano - Doenças e pragas da batata] Zhytomyr, Polissia, 244 p.

122. Polozhenets V.M., Nemerytska L. V., Vernyhora Y. F., Zhuravska Y. A.(2009) Osnovnyie bolezni listev kartofelya v Ukraine. [Principais doenças das folhas da batateira na Ucrânia] Kartofelevodstvo. sbornik nauchnyih trudov. M. Vserossiyskiy NII kartofelnogo hozyaystva, . №1. P.305 - 310.

123. Polozhenets V.M., Nemerytska L. V., Zhuravska I. A.(2012) Doslidzhennia vplyvu funhitsydiv na alternarioz kartopli laboratornym ta polovym metodamy v umovakh Polissia Ukrainy.[Em ucraniano - Estudos do impacto dos fungicidas no míldio da Alternaria da batateira em laboratório e ensaios de campo em termos de Plissya Ucrânia]. Karantyn i zakhyst roslyn: zb.nauk. prats. K.: NAAEU,

124. Polozhenets V.M., Nemerytska L. V., Zhuravska I. A., Ovchar I. V., Plotnytska N. M.(2006) Vplyv stupenia urazhennia lystkiv kartopli rannoiu sukhoiu pliamystistiu na produktyvnist i fizioloho - biokhimichni osoblyvosti roslyn [Em ucraniano - O grau de derrota das folhas de batata da mancha seca precoce na produtividade e na peculiaridade física - biológica das plantas]. Visnyk Lvivskoho derzhavnoho ahrarnoho universytetu: ahronomiia. Lviv. LDAU, № 10. P. 302-306.

125. Polozhenets V.M., Nemerytska L.V., Zhuravska I.A. (2012) Rozpovsiudzhenist ta shkodochynnist alternariozu kartopli na Polissi Ukrainy [Em ucraniano - Propagação e nocividade do míldio da Alternaria da batata na Polissia ucraniana]. Visnyk Zhytomyrskoho natsionalnoho ahroekolohichnoho universytetu. Zhytomyr, . № 1 (30), V. 1. P. 91-96.

126. Popkova K.V., Shneider Yu.Y. , Volovyk A.S., Shmyhlia V.A. (1980)

Bolezni kartofelya. [Doenças da batata.] M.: Kolos, 1980. 304 p

127. Priyatkin A.S. (1972) Metodyi biohimicheskogo analiza rasteniy [Em russo - Métodos de análise bioquímica de plantas] M.: Nauka. P. 168-193.

128. Pusenkova L.I., Glez V.M., Zeyruk V.N., Derevyagina M.K., Maksimov I.V (2010) Biopreparatyi dlya zaschityi kartofelya ot bolezney[Em russo - Preparações biológicas para proteção da batata contra doenças]. Zaschita i karantin rasteniy. No.10. P. 26-28.

129. Retman S.V., Shevchuk O.V., Gorbachova N.P., Raychuk L.V.(2004) Prognoz fItosanItarnoyi situatsiyi ta zahodi z obmezhennya poshirenostI I znizhennya shkodochinnostI osnovnih hvorob.[Em ucraniano - Prognóstico da segurança fitossanitária e formas de diminuir a propagação e a nocividade das doenças básicas]. Karantin I zahist roslin. № 10.

130. Roguski   K.(1969) Metodyi selektsii kartofelya na ustoychivost i hozyaystvennyie priznaki [em russo - Formas de melhoramento da batata em função das caraterísticas agrícolas] Sel i sem. kartofelya v stranah SEV. P. 69-71.

131. Rubin B.A., Artsihovskaya E.V., Aksenova V.A.(1975) Biohimiya i fiziologiya immuniteta rasteniy.[Em russo-Bioquímica e fisiologia das plantas] M.: Vyisshaya shkola, 320 p.

132. Rubin B.A. (1969) Molekulyarnyie mehanizmyi vzaimodeystviya partnerov v sisteme rastenie-hozyain.[Em russo-Mecanismos moleculares de inter-relação no sistema planta-hospedeiro] Trudyi V Vses. sov. po immun. rast. Kiev, P. 11-13.

133. Rudakov V.O., Pusenkova L. I., Glez V. M., Derevyagina M.K., Maksimov I.V.(2010) Biopreparatyi dlya zaschityi kartofelya ot bolezney. [Preparações biológicas para a proteção da batata contra doenças] Zaschita i karantin rasteniy. No. 10.P. 26-28.

134. Sarsenbaev K. N., Polimbetova F. A.(1986) Rol fermentov v ustoychivosti rasteniy.[Em russo-Papel dos fermentos na resistência das plantas] Alma-Ata. Nauka, 184 p.

135. . Sergienko V.G., Tkachenko A. N., Titova L.V.(2010) Ispolzovanie biopreparatov dlya zaschityi ovoschnyih kultur ot bolezney [Em russo - A utilização de preparações biológicas para a proteção de culturas hortícolas contra doenças]. Zaschita i karantin rasteniy. No.7. P.28 - 30.

136. Serhiienko Yu.M.(2004) Obrobka kartopli funhitsydamy i mikroelementamy ta yikhnii vplyv na rozvytok alternariozu y urozhai.[Tratamento da batata com fungicidas e microelementos e seu impacto no desenvolvimento e rendimento do míldio da Alternaria]. Kartopliarstvo. K.: Ahrar. nauka,. Edição. 33. P. 163-167.

137. Sidlyarevich V.I.(2001) Biologicheskiy metod zaschityi rasteniy.[Em russo - Método biológico para a proteção das plantas na fronteira do século XXI] Zaschita rasteniy na rubezhe XXI v. Minsk. P. 40-49.

138. Simakovyiy E.A., Anisimov B.V., Sklyarova N.P., Yashina I.M. (2006) Rossiyskie sorta kartofelya. [Variantes de batata russo-russas] VNIIKH, Rosselhozakademiya, 2006. 55 s

139. Sitchenko M.N.(1996) Kartoplia: intehrovanyi zakhyst [em ucraniano - proteção integrada da batata] Zakhyst roslyn.№ 5. P. 6-7.

140. Sych P.S., Protsko Ya.I.(1975) Kartoplia - vysokovrozhaina kultura Polissia [Em ucraniano - A batata é uma cultura polissiana de alto rendimento], K.: Urozhai, 24 p.

141. Skurihin I.M., Volgareva M.N.(1987) Himicheskiy sostav pischevyih produktov.[Em russo - Conteúdo químico dos produtos alimentares] M.: Agropromizdat, book. 1. 224 p.

142. Smirnov V.V., Kiprianova E.A. (1990) Bakterii roda Pseudomonas.[Em russo - Bacterium genus *Pseudomonas*.] K.: Naukova dumka. 1990. 264 p.

143. Sokolova M.G., Akimova G.P., Boyko A.V., Nechayeva A.A., Vedernikova L. V.(2008) Vliyanie bakterialnyih biopreparatov na urozhay kartofelya i ego kachestvo. Agrohimiya. No 6. P. 62-67.

144. Solomiychuk, M., & Pikovskyi , M. (2023). Efektyvnist zastosuvannia biolohichnykh preparativ BT pry zakhysti kartopli vid shkidlyvykh orhanizmiv u Zakhidnomu Lisostepu Ukrainy. [Em ucraniano - Eficiência da aplicação de preparações biológicas BT na proteção das batatas contra organismos nocivos na estepe florestal ocidental da Ucrânia. *Coleção Científica Temática Interdepartamental de Segurança Fitossanitária*, (68), 168-181. https://doi.org/10.36495/1606-9773.2022.68.168-181

145. . Stancheva I.V.(2005) Atlas bolezney selskohozyaystvennyih rasteniy. Bolezni ovoschnyih kultur.[Em russo - Atlas de doenças agrícolas. Doenças das culturas hortícolas] Sofiya-Moskva: PENSOFT, V.1. 181 p.

146. Stepanov K.M.(1962) Gribnyie epifitotii (vvedenie v obschuyu epifitotiologiyu gribnyih bolezney rasteniy).[Em russo- Fungal epiphytoties(introduction in eneral epiphytoty of fungi diseases of plants.] M.: Izd-vo s.-h. literaturyi. 472 p.

147. Stepanov K.M. (1958) Gribnyie epifitotii.[Em russo- Fungal epiphyties] Avtoref. dis. dokt. biol. nauk. L.,. 36 p.

148. Strelnikova M.S., Filippov I. G.(2009) Novaya preparativnaya forma bakterIalnogo preprata na osnove Pseudomonas fluorescens.[Em russo- Nova forma de preparação baseada na preparação da bactéria Pseudomonas fluorescens]. GAVRISh. . No, 2. S.4-7.

149. Tatarynova V.I.(2019) Fitopatohennyi kompleks bulb kartopli pid chas zberihannia. [In Ukrainian-Plant pathogen complex of potato tubers during storage.]Visnyk Kharkivskoho natsionalnoho ahrarnoho universytetu. Seriia "Fitopatolohiia ta entomolohiia". 2019. № 1-2. P. 198-205

150. Tesliuk P.S.(1995) Kartoplia - druhyi khlib: Naukovo-populiarnyi almanakh u trokh vyp.[Em ucraniano - A batata é o segundo pão. Almanaque científico popular em três números]. K.: Vyd-vo "Dovira", Edição II, 235 p.

151. Tesliuk P.S., Novoselska A.P., Bulbodko H.V., Tesliuk L.P. (1999) Kartoplia - hoduie i likuie. [Em ucraniano -Potato feeds and treats.] K.:, Kyi,. 253 p.

Tete JI. G.(1972) Makrosporioz kartofelya i razrabotka mer borbyi s nim v Polese Ukrain [Em russo Macrosporiose da batata e desenvolvimento de medidas para a combater na Polissia ucraniana]: dis. kandidata sel.-hoz. Nauk. Kiev, 1972. 158 s

152. Tymoshenko T. V., Yaroshovets V. F. (2006) Alternarioz na reiestrovanykh sortakh kartopli. Kartopliarstvo Ukrainy. [Em ucraniano - Alternaria blight em variedades de batata registadas] № 4-5. p. 19-20.

153. Trybel S.O., Pylypenko L.A., Bondarchuk A.A., Serhiienko V.H., Stryhun O.O. (2013) Metodolohiia otsiniuvannia sortozrazkiv kartopli na stiikist proty osnovnykh shkidnykiv i zbudnykiv khvorob.[Em ucraniano - Metodologia de avaliação de amostras de variedades de batata quanto à resistência às principais pragas e agentes causadores de doenças]. K.: Ahrar. Nauka, 2013. 264p.

154. Trybel S.O., Siharova D.D., Sekun M.P., Ivashchenko O.O. (2001)Metodyky vyprobuvannia i zastosuvannia pestytsydiv.[Em ucraniano0 Técnicas de ensaio e utilização de pesticidas.] K.: Svit. 2001. 448 p.

155. Uspenskaya G.D., Dyakov Yu.T., Semenova I.G.(1967) Obschaya fitopatologiya s osnovami immuniteta. [Fitopatologia geral em russo com fundamentos de imunidade] M.: Kolos, 239 p.

156. Farnev A.T., Kulov B. Z. (2009) Rol biopreparatov v povishenie ustoychivosti k boleznyam.[] Ovoschevodstvo. 2009. # 9. P.11-15.

157.

158. . Flentzhe N.P.(1962) Fiziologiya proniknoveniya parazita i zarazheniya hozyaina. [Fisiologia da penetração do parasita e derrota do hospedeiro] Problemyi i dostizheniya fitopatologii. 1962. S. 29-36.

159. Fomin Ye.Ie. (1928)Obsliduvannia khvorob kartopli na nasinnykh ta hospodarskykh posivakh KhKS-HD stantsii v 1927 r. Biul.[Em ucraniano - Estudos sobre doenças da batata em sementes e sementes de parcelas] Kharkivskoi kraievoi s.-h. doslidnoi stantsii. № 6.

160. Handobina L.M., Geraksina G.I. (1969) O polifenoloksidaze i peroksidaze

bolnogo rasteniya.[Em russo - Sobre a polifenol oxidase e a peroxidase de uma planta doente] Trudyi V Vses. sovesch. po immun. rast. K. 1969. Vyip. 1. S. 31-33.

161. Hohryakov M. K.(1979) Metodicheskie ukazaniya po eksperimentalnomu izucheniyu fitopatogennyih gribov.[Em russo-Infungis,] VIZR. Leningrado. 71 p.

162. Hohryakov M.K.(1966) Opredelitel bolezney rasteniy[Em russo - Chave das doenças das plantas] L. Kolos. 592 p.

163. Chernytskyi Yu.O., Hrynyk I.V., Likot O.Iu.(2010) Mikrobni preparaty u biokontroli fitopatoheniv. [Em ucraniano - Preparações microbianas e controlo de fitopatógenos] Ahroekolohichnyi zhurnal. 2010. №4. P. 65-67.

164. Chumakov A.E., Minkevich I.I, Zaharova T.I. (1972) Ispolzovanie agroklimaticheskih i pogodnyih faktorov v prognoze razvitiya bolezney rasteniy [Em russo - A utilização de factores agroclimáticos e meteorológicos no prognóstico do desenvolvimento de doenças das plantas]. Tr. VIZR. 1972. Vyip. 38. S. 11-17.

165. Shakirova F. M.(2001) Nespetsificheskaya ustoychivost rasteniy k stressovyim faktoram i ee regulyatsiya.[Em russo-] Ufa. Gilem, 160 p.

166. Shmatko I.G., Grigoryuk I.A., Shvedova O.B.(1989) Ustoychivost rasteniy k vodnomu i temperaturnomu stressam.[Em russo- Plant resistanceto water and temperature stresses.] K. Naukova dumka, 1989. 368 s.

167. Shpaar D.V., Bikin A.N., Drager D.M.(2004) Kartofel (em russo - batata) Torzhok. Variante OOO, 2004. 466

168. Evans E.(1971) Bolezni rasteniy i himicheskaya borba s nimi [Em russo - Doenças das plantas e tratamento químico com elas] M.: Kolos. P. 101-117.

169. Yagneshko D. I., (2000)Alternarioz kartofelya.[Em russo- Potato Alternaria blight] Ahova raslyin. 2000. 3. S. 21-22.

170. Yarovyi H.I., Kulieshov A.V. (2009) Sezonne ta korotkostrokove prohnozuvannia epifitotiinykh khvorob ovochevykh roslyn na osnovi matematychnoho modeliuvannia. [Em ucraniano - Prognóstico sazonal e a curto prazo das culturas hortícolas com base em modelos matemáticos estimulantes.] Karantyn i zakhyst roslyn. 2009. №7. S. 14-15.

171. Yarovoy G.I., Rud V.P. (2005) Perspektivyi ukrainskogo ovoschevodstva v kontekste mirovyih tendentsiy. [Em ucraniano - Perspectivas da horticultura ucraniana no contexto das tendências mundiais]. Ovoschevodstvo. No. 4. P. 811.

172. Ardakani S.S., Arjmandi R. (2010) Desenvolvimento de novas bioformulações de *Pseudomonas fluorescens* e avaliação destes produtos contra o amortecimento. J. Plant Pathol. Vol. 92. N 1. P. 83-88.

173. Birch P.R., Avrora A.O., Lyon G.D.(1999) Isolamento de genes da batata

que são induzidos durante uma fase inicial da resposta hipersensível. Mol. Plant. Microbe Interact. №12. P. 356-361.

174. Bomok S. K., Pikovskyi M. Y. (2019) Sintomatologia da podridão seca de fusarium de tubérculos de batata. Наукові гоповіgi 11УБИИ Украши. № 5 (81).

175. Bourke A. (1991) Potato blight in Europe. Cambridge University Press. P.12-24.

176. Boyd A. (1972) Potato storage diseases. Rev. of plant path. 51 p.

177. Braun H. (1959) Internationale Kartoffelkrebserregung. Der Kartoffelbou. V.10, № 3. P. 60-61.

178. Bria P.W. (1982) The phytotoxic properties of alternaria acid in relation to the ecology of plant diseases caused by *Alternaria solani*. Ann. Appl. Biol. 39 p.

179. Cook J. (1985) Biological control of plant pathogens: Da teoria à aplicação. Phytopatology. Vol. 75. N. 1 P. 25-29.

180. Cox A.E., Large E.C. (1980) Potato blight epidemics throughout the world. Departamento de Agricultura dos EUA. 174 p.

181. Cwalina-Ambroziak, Bozena & Trojak, A.(2011) Eficácia de fungicidas selecionados na proteção da batata contra Phytophthora Infestans e Alternaria spp. Jornal Polaco de Ciências Naturais. 26. 4. P. 275-284.

182. Douglas D.R. (1981)) Ocorrência de Ulocladium consortiale como fungo associado de Alternaria solani no míldio do tubérculo da batata. Plant Dis. Reporter. P. 308309.

183. Eberlein C.V., Haderlie Z.C., Whitmore J.C. (1992) Diagnosticar a deriva de herbicidas e os danos causados pelo transporte em batatas. EUA Moscov Idago Universidade de Idago Bull. № 7. 377 p.

184. Ferron P. (1978) Biological control of insect pests by entomogenous fungi. Ann.Rev. Entomol. Vol. 23. 409.

185. Ganguly A. e Paul D.K.(1953) Wart disease of potatoes in India. Ref.Rev. appl. Mycol. Vol. 32, № 11. P. 641.

186. Ganguly A. (1953) Wart disease of potatoes in India. Sci. and Cuet. Ganguly A. e Paul D.K. Vol.18, № 12. P. 605-606.

187. Hampson C. (1974) Potato Disease, its Introduction to North America, Distribution and Control Problems in Newfoundlad. Boletim de proteção das plantas da FAO. Hampson C. e Proudfoot K.G.Newfoundland, Canadá. Vol. 22, № 3. P. 53-66.

188. Hampson M.C. (1977) Curent research studies on potato wart disease in Newfoundland. Publicações da EPPO. Ser.c 50.

189. Hoffmann M. (1962) Pilz-und Bacterienkrankheiten der Kartoffel. Handb.

"Die Kartoffel "Berlin. Bd. 2-s. P. 1139-1253.

190. Holm A.L., Rivera V.V., Secor G.A. et al. (2003) Temporal sensitivity of *Alternaria solani* to foliar fungicides. Am. J. Pot Res. 80. P. 33-40.

191. Horsfield A., Wicks T., Davies K. et al. (2010) Effect of fungicide use strategies on the control of early blight (*Alternaria solani*) and potato yield. Australasian Plant Pathol. 39. P. 368-375.

192. Hoyle M.C. (1972) Indoleacetic Acid Oxidase: A Dual Catalytic Enzyme. Plant Physiol. Vol. 50. P. 15-18.

193. Ivanyuk V.G. (1998) Phytopathological situation in potato in Belarus. Boletim OEPP. EPPO. Paris, № 4. P. 475-481.

194. Joly P.A. (1982) Recherches sur les genres Alternaria et Stemphylium. Ação da luz e dos raios ultravioleta. Rev. Mycol. №1. P. 1. 16.

195. Kyryk, M.M., Pikovskyi, M.Y., Azaiki, S. (2012) Diagnostic signs of diseases of vegetable crops and potato. Kyiv: Phenix. 175 p.

196. Leach S.S. (1985) Amer Potato. Vol. 62. №3. P.129-136.

197. Leiminger J, Huckelhoven R., Hausladen H. (2008) Mehrjahrige Untersuchungen zur Schadrelevanz der Durrfieckenkrankhait (*Alternaria* spp.). Mitt. Julius Kuhn-Inst. № 417. P. 76-77.

198. Melnyk A.T. (Havryliuk A. T.), Kyryk M. M. (2019) Preparação biológica Pesquisa de eficiência de uso de Micohelp contra a praga de alternaria de batata em termos da província de Foreststeppe da Ucrânia ocidental. Актуальш питання аграрно1 науки: VII Міжнародна науково-практична конференщя, присвячена 175 р1ччю з дня заснування Уманського нацюнального ушверситету садівництва, м. Умань, 21 листопада 2019 року: тези доповрщ. Умань. P. 85-87.

199. Melnyk A.T. (HaviyliukA. T.), Kyryk M. M. (2020) Pesquisa de eficiência de uso do fitodoctor contra a praga de alternaria em condições da província ocidental da Ucrânia. Dinâmica do desenvolvimento da ciência mundial: V Мржнародна науково-практична конференщя, м. Ванкувер, Канада, 22-24 с1чня 2020 року: тези доиоврщ. Ванкувер. P. 215-218.

200. Muino Garcia B.L., Almandoz Parrado J., Martin Triane E.L.(2010) Efeito in vitro do Fungicida Iprodione sobre Alternaria spp. e Prospeção de sua Inserção em Estratégias de Manejo em Batata, Tomate, Alho e Cebola. Fitosanidad. Vol.14, № 3. P. 171-176.

201. Narasimham J. V., Chawla H. S.(1984) Indian J. Plant Physiol. Vol. 27, № 4. P. 340.

202. Nehal S. El-Mougy, Mokhtar M. Abdel-Kader. (2009) Aplicação de sais para suprimir a doença do míldio da batata. Jornal de Pesquisa de Proteção de Plantas. Vol. 49, № 4. P. 353-361.

203.	Nehal S. El-Mougy (2009) Effect of Some Essential Oils for Limiting Early Blight (Alternaria solani) Development in Potato Field. Jornal de Pesquisa de Proteção de Plantas. Vol. 49, № 1. P. 57-62.

204. Olsen O.A., Nelson G.A.(1964) Biotypes of potato wart in Newfoundland. Nature. Vol. 204. P. 406.

205.	Osowski J. (2003) Eficácia de algumas estratégias químicas de proteção da batata contra uma praga precoce (Alternaria solani). Jornal de investigação sobre proteção das plantas. Vol. 43, No. 4. P. 361-367.

206.	Pound G.S., Stahmann M.A.(1981) The production of a toxic material by *Alternaria solani* and its relation to the early blight disease of tomato. Phytopathology. 41 p.

207.	Pralay S. Gorai, Ranjan Ghosh, Sanjit Konra, Narayan Chandra Mandal, (2021) Controlo biológico da doença do míldio da batata causada por Alternaria alternata EBP3 por uma estirpe bacteriana endofítica Bacillus velezensis SEB1. Biological Control. Vol. 156. https://doi.org/10.1016/j.biocontrol.2021.104551.

208.	Preston T.J. Defensas de Alternaria solani. Mycologia. № 96. 989. P. 22-25.

209.	Pscheidt J.W., Stevenson W.R. (1986) Early blight of potato and tomato. A literature review. Wis. Agric. Exp. Stn. Bull. 177 p.

210.	Puts B. (1989) Kartoffeln: Zuchtung, Anban, Verwertung. Verlag. 263 p.

211.	Rich A. E.(1983) Potato deseases. London: Academic Press. 238 p.

212.	Roberts R.G., Reymond S.T., Andersen B. (2000) RAPD fragment pattern analysis and morphological segregation of smallspored Alternaria species and species groups. Mycol. Res. P.151-160.

213.	Rotem J. (1994) O género *Alternaria.* Biology, epidemiology and pathogenicity. St. Paul, APS Press. 326 p.

214.	Silva, Hiago & Teixeira, William & Borges, Álefe & Junior, Amarildo & Alves, Kaique & Junior, Orlando & Abreu, Lucas. (2021) Biocontrole do míldio da batata e supressão da esporulação de Alternaria grandis por Clonostachys spp. Plant Pathology. 70. https://doi.org/10.1111/ppa.13402.

215.	Simmons E.G. (1987) Typification of Alternaria, Stemphylium, and Ulocladium. Mycologia. №59. P. 67 - 92.

216.	Simmons E.G., Chelkowski Eds J., Visconti A.(1992) Alternaria taxonomy: current status, viewpoint, challenge. Alternaria. Biology, plant diseases and metabolites. Amsterdam. Elsevier. P.1-36.

217.	Soleimani M.J., Kirk W. (2012) Aumentar a resistência a Alternaría alternata, que causa a doença da mancha castanha da folha da batata, utilizando alguns indutores de defesa das plantas. Jornal de Pesquisa de Proteção de Plantas. Vol. 52, № 1. P. 83-90.

218. Spieckermann A. Kotthoff D. (1964) Die prii jung von Kartoffe sorten aef krebsfetrigreit Dt. Daidw. Prussc. 51. P. 114-115.

219. Sprau F. (1960) Über das Auftreten physiologischer Rassen beim Erreger des Kartoffelkrebses. Prakt. Bl. Pflahzenbau und Pflanzen-schutzd. 55. № 5-6. S.161.

220. Vakrus M., Schaad N.W. (1989) Phytopathology. Vol. 69. № 5. P. 517-520.

221. Veitía, Novisel & García Rodríguez, Lourdes & Bermúdez-Caraballoso, Idalmis & Acosta-suárez, Mayra & Michel, Leiva Mora & Torres, Dámaris & Romero, Carlos & Orellana, Pedro. (2014) Resistência de campo de clones de batata selecionados ao Early blight. Biotecnología Vegetal. Vol. 14, No. 4. P. 215-221.

222. Wolters P.J., Wouters D., Kromhout E.J., Huigen D.J., Visser R.G.F., Vleeshouwers V.G.A.A.(2021) Qualitative and Quantitative Resistance against Early Blight Introgressed in Potato. Biologia (Basileia). 10(9). 892.

Printed by Books on Demand GmbH, Norderstedt / Germany